Experimental Course of Genetics

遗传学实验

唐文武　吴秀兰　主编

陈兆贵　陈　刚　梁盛年　副主编

化学工业出版社

·北京·

遗传学是一门实验性很强的学科，实验技术在遗传学教学科研中起着重要作用。根据新时代应用型人才培养要求，本书编写了 30 个实验项目，涵盖了经典遗传学、细胞遗传学、微生物遗传学、数量与群体遗传学、分子遗传学等领域。在实验设计上包括基础验证实验、综合应用实验、研究设计性实验，目的在于加强学生基本实验技能培养，并通过综合、设计性实验训练，为培养具有创新能力的生命科学应用型人才奠定基础。

　　本书适合作为综合性大学、师范院校、农林院校等生物及相关专业师生的实验教学用书，也可供相关专业研究生、科研及实验技术人员参考。

图书在版编目（CIP）数据

　　遗传学实验/唐文武，吴秀兰主编. —北京：化学工业出版社，2018.5（2024.1重印）
　　ISBN 978-7-122-31763-6

　　Ⅰ.①遗… Ⅱ.①唐… ②吴… Ⅲ.①遗传学-实验 Ⅳ.①Q3-33

　　中国版本图书馆 CIP 数据核字（2018）第 053055 号

責任編輯：傅四周　　　　　　　　　　装帧设计：韩　飞
责任校对：王素芹

出版发行：化学工业出版社（北京市东城区青年湖南街 13 号　邮政编码 100011）
印　　装：北京建宏印刷有限公司
710mm×1000mm　1/16　印张 11¼　彩插 2　字数 199 千字
2024 年 1 月北京第 1 版第 6 次印刷

购书咨询：010-64518888　　　　　　售后服务：010-64518899
网　　址：http://www.cip.com.cn
凡购买本书，如有缺损质量问题，本社销售中心负责调换。

定　　价：29.80 元

前言

　　遗传学是研究生命体遗传与变异规律的科学，是当代生命科学领域的核心和前沿学科之一。遗传学实验作为生命科学相关专业的必修实践课程，是理论联系实际，培养和训练学生掌握科学思维方法、实事求是的科学态度与独立动手能力的重要环节和手段。目前国内遗传学实验教材较多，但面向地方本科院校的应用型生命科学相关专业的遗传学实验教材较少。当前，中国高等教育正从大众化向普及化发展，地方应用型本科院校已成为中国高等教育的重要组成部分，因此，开展适用于地方本科院校的应用型人才培养的实验教材建设越显重要。因此，我们结合多年来在遗传学实验教学中积累的经验和实验素材以及教学改革实践成果，并参考国内外的有关文献资料和部分遗传学实验教材，编写基于应用型人才培养的《遗传学实验》一书。

　　《遗传学实验》与国内外同类教材相比较，在教材设计、实验项目选择、实验内容设计上，强调实际、实用、实践，加强实验技能培养，在内容上注重应用性和创新性，内容适度简练，跟踪科技前沿，符合应用型人才培养目标的要求。在编排上遵照循序渐进的原则，通过经典遗传学实验、细胞遗传学实验、微生物遗传学实验、数量与群体遗传学实验、分子遗传学实验五个模块，逐步从个体、细胞、微生物、群体、分子等不同水平和层次验证和探究遗传学的基本现象与规律，努力做到深入浅出、详略有序，使学生能了解和掌握遗传学基本原理和基础技术。然后通过综合应用实验模块、研究设计性实验模块，帮助学生在掌握遗传学研究方法、实验技能的基础上，开展实验设计、各过程操作、数据采集、结果分析等环节，熟悉遗传学分析方法、统计分析和计算程序，使其具备遗传学及相关专业综合性项目设计能力和科学研究素质，为培养具有创新能力和高素质的生命科学应用型人才奠定基础。

　　《遗传学实验》的编写出版得到"广东省应用型人才培养示范专业（生物技术）""广东省实验教学示范中心（生物学）"的资助，以及肇庆学院生命科学学院的领导和老师的大力支持，在此表示感谢！本书内容新颖，图文并茂，适合作为综合性大学、师范院校、农林院校等生物及相关专业师生的实验教学用书，也可供相关专业研究生、科研及实验技术人员参考。

由于编者的水平有限以及时间仓促，书中难免存在不妥之处，我们真诚地希望读者不吝批评指正，以便再版时修订和改进。

编者
2018 年 4 月

目 录

第一部分

经 典 遗 传 学 实 验

实验一　果蝇的野外采集、饲养及生活史

【实验目的】

(1) 学习果蝇的实验室饲养管理、培养基的配制等方法；

(2) 了解并掌握果蝇麻醉、接种等实验操作相关技术；

(3) 了解果蝇生活史的各个发育阶段的形态特点。

【实验原理】

　　果蝇（fruit fly）是遗传学实验中最常用的动物，属于双翅目（Diptera）的果蝇属（*Drosophila*），在全世界范围均有分布，估计有 3000 多种，遗传学研究中通常用黑腹果蝇（*Drosophila melanogaster*）。果蝇作为遗传材料具有很多突出的优点：①染色体数目少，$2n = 8$；②突变性状多，而且多数是形态突变，便于观察；③世代周期短，在 25℃下 10 天可完成一个世代；④个体小，易于饲养，培养费用低廉；⑤繁殖能力强，每个受精雌蝇可产卵 400～500 个，可以产生较大的子代群体供观察、统计及遗传分析。自 1909 年摩尔根（Thomas H. Morgan）开始用果蝇做遗传学实验，之后 30 余年时间里，他与他的学生、同事利用这种昆虫解决了一系列重大的遗传学问题。摩尔根等的成功，很大一部分得益于他的选材。正因为如此，果蝇至今仍是遗传学、细胞学、发育生物学等研究中一种很好的遗传学实验材料，是一种模式生物。

【实验用品】

1. 实验材料

黑腹果蝇（*Drosophila melanogaster*）。

2. 实验器具

恒温培养箱、体视显微镜、高压灭菌锅、白瓷板、镊子、毛笔、解剖针、果蝇培养瓶（三角瓶和中指管）、脱脂棉、医用纱布、标签纸、牛皮纸、棉线绳、橡皮筋、酒精灯等。

3. 试剂

琼脂、蔗糖、玉米粉、酵母粉、丙酸（装在滴瓶中）、乙醚等。

【实验步骤】

1. 果蝇的野外采集

果蝇是一种常见昆虫，尤其是在夏天极易采集，可用培养瓶放于水果摊附近进行采集，也可在一个空瓶子中放入一些发酵的水果（如酸败的香蕉或菠萝），引诱果蝇。待果蝇进入瓶中，用瓶塞快速盖上瓶口，带回实验室转接到装有培养基的培养瓶里进行培养观察。

2. 果蝇的培养

（1）培养瓶的灭菌　培养果蝇用的培养瓶可用三角瓶或大、中型指管，用纱布包的棉花球作瓶塞。实验室中保存原种以中指管为宜，果蝇杂交或继代培养可用三角瓶。培养瓶用前要灭菌消毒，以防止真菌污染和果蝇混杂。灭菌的方法是：将带棉塞的培养瓶在 160℃ 的恒温干燥箱中干热灭菌 2h；或在高压蒸汽灭菌锅中，在 121℃、1kgf/cm^2（98.0665kPa）气压下灭菌 15～20min，干燥后待用。

（2）果蝇培养基的配制　酵母菌是果蝇的主要食物，实验室内凡能发酵的物质都可成为培养基，国内使用的培养基包括香蕉、玉米粉、米粉等不同类型，其配制方法见附录1。以最常用的玉米粉培养基的配制为例，按表 1-1 称取玉米粉、蔗糖、琼脂。取应加水的一半，加入琼脂加热溶解，水开后加入蔗糖，搅拌均匀。将玉米粉加入剩余的另一半水中，搅拌均匀，再将蔗糖琼脂溶液慢慢加入，边加边搅拌（这样玉米粉不易结块）。继续煮 5～10min，直至培养基成为一种糊状物时离火。稍微冷却后加入丙酸（用于防腐）及酵母粉，搅拌均匀即可分装。分装时每瓶培养基厚约 2cm，室温下干燥 2～3 天，待培养基完全凝固后再行接种。

表 1-1　果蝇玉米培养基的成分

水	100mL	琼脂	1.5g
玉米粉	10g	酵母粉	2g
蔗糖	13g	丙酸	3～4滴

果蝇的培养基一般不需要灭菌，配制和分装在非无菌条件下进行即可。在南方湿热气候下，培养基可能出现污染，可考虑将培养基进行灭菌处理。按上述方法配制并分装培养基后，盖上棉塞并用牛皮纸包扎封口，用高压灭菌锅在 121℃、1kgf/cm^2 下灭菌 15min，取出待冷却干燥后使用。

（3）果蝇的麻醉和接种　为了便于细致观察，须将果蝇进行麻醉处理，可使用专用的麻醉瓶，或者以适当大小的广口瓶代用，在广口瓶中加一木塞，木塞下面钉上一团用纱布包好的棉球即成。

麻醉时，先取下麻醉瓶塞倒立放在瓶侧，再取培养瓶轻拍瓶壁，使果蝇落在培养瓶底部，用右手两指取下培养瓶的棉塞（夹在指间不要放在台上），迅速和麻醉瓶口对接紧密，左手握紧两瓶口稍微倾斜，右手轻拍培养瓶将果蝇振落麻醉瓶中，然后迅速盖好两个瓶塞。或者培养瓶在下、麻醉瓶在上，去塞对接中，达到一定数量后，迅速分别盖好两个瓶口。

如果用自制的麻醉瓶，可在瓶塞的棉花团上先加几滴乙醚，随即迅速塞紧瓶口，果蝇对乙醚很敏感，易麻醉，约经半分钟，果蝇便被麻醉，麻醉的深度看实验要求而定（作种蝇以轻度麻醉为宜，做观察时可深度麻醉，致死也无妨），之后可倾倒在用酒精擦过的白瓷板上进行观察，当发现果蝇苏醒时，可用一条吸水纸加几滴乙醚贴在培养皿内盖住果蝇，再次麻醉。注意勿使麻醉过度，如果蝇翅外展与身体呈 45°角，即双翅垂直时，表明已麻醉致死不能复苏。

将麻醉的果蝇倾倒在干净的白瓷板上，利用解剖针或小毛笔轻轻地拨动，进行性状的观察与鉴定。或将麻醉的果蝇移入新的培养瓶，接种时应将瓶横卧，用毛笔将果蝇轻轻挑入，待其苏醒后再将培养瓶竖起，防止果蝇粘在培养基上导致死亡。

（4）果蝇培养　温度对果蝇的生长发育影响很大，25℃是最适宜的生长温度，30℃以上的高温则可能导致果蝇死亡，在 10～20℃环境中生活周期延长，低于 10℃则可能影响生活力。我们可利用此特性调节果蝇生长的速度，控制其群体的大小。如原种培养时可将培养瓶置于 18～19℃下培养；杂交实验应需要较大的群体，则可将培养温度设为 25℃。培养时应避免日光直射。

原种培养每 2～4 周换一次培养基，每一原种至少保留两套，接种之前应先麻醉果蝇，检查有无混杂，一般每瓶接5～10对种蝇。培养瓶外贴标签，注明品系名称、接种日期等信息。

3. 果蝇的生活史观察

果蝇属完全变态的昆虫，一个完整的生活周期可分为卵、幼虫、蛹和成虫4个明显的时期（图1-1）。果蝇的生活周期长短与温度有密切的关系，在25℃下，从卵到成蝇只需10天左右。成蝇在交配1～2天后即可产卵，受精卵在24h内可孵化成幼虫，幼虫经过两次蜕皮成为三龄幼虫，其体长可达4～5mm。幼虫生活4天左右开始化蛹，化蛹前三龄幼虫会停止摄食，并爬到相对干燥的表面（如培养瓶壁）上，逐渐形成一个菱形的蛹。成熟蛹壳中羽化出来的果蝇8～12h后即可进行交配，交配后精子可在雌蝇的受精囊中贮存一段时间，然后逐渐释放到输卵管中，所以果蝇杂交实验中母本必须选用未交配的雌蝇（处女蝇）。

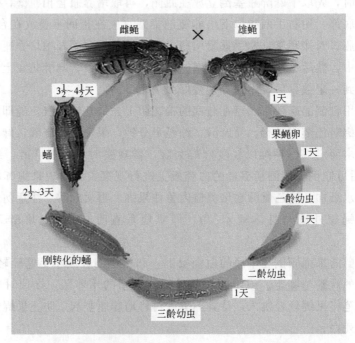

图1-1　黑腹果蝇（*Drosophila melanogaster*）生活史

（1）卵　成熟的雌蝇交尾后（2～3天）将卵产在培养基的表层。用解剖针的针尖在培养基表面挑取一点培养基置于载玻片上，滴加一滴清水进行稀释，在解剖镜下仔细观察。果蝇的卵长约0.5mm，为椭球形，腹面稍扁平，在背面的前端伸出一对触丝，它能使卵附着在培养基表面而不陷入深层。

（2）幼虫　受精卵经过 1 天的发育即可孵化为幼虫，经过两次蜕皮发育成三龄幼虫，其体长可达 4～5mm。幼虫随着发育而不断长大，三龄幼虫往往爬到瓶壁上来化蛹。在实验室中，可利用体视显微镜观察幼虫的形态，可见其一端稍尖为头部，并且有一黑点即口器；稍后有一对半透明的唾腺，每条唾腺前有一条唾腺管向前延伸，然后会合成一条导管通向消化道。幼虫的活动力强而贪食，在培养基上爬过时便留下一道沟，沟多而宽时，表明幼虫生长良好。

（3）蛹　幼虫经过 4～5 天的发育开始化蛹。化蛹前三龄幼虫从培养基中爬出附在瓶壁上，渐次形成一个菱形的蛹。起初颜色淡黄、柔软，以后逐渐硬化，为深褐色，显示即将羽化。培养瓶壁上可见大量几乎透明的蛹，这些是羽化后遗留下来的蛹的空壳。

（4）成虫　刚羽化出的果蝇虫体狭长，翅膀也没有完全展开，体表未完全几丁质化，色浅，呈半透明的乳白色，通过腹部体壁还可以看到黑色的消化系统和性腺。随着发育的继续，蝇体变成粗短椭圆形，双翅展开，身体颜色加深。羽化后的果蝇在 8～10h 后开始交配，成虫果蝇在 25℃条件下的寿命为 37 天。

【要点及注意事项】

（1）为保证安全，高压蒸汽灭菌锅使用时一定要在老师的指导下进行。

（2）配制培养基时，煮沸后应保持沸腾几分钟，使培养基呈黏稠的糊状物，否则，培养基容易稀松发霉。

（3）加入丙酸时注意屏住呼吸，防止酸遇热挥发，刺激呼吸道。

（4）麻醉时注意掌握深度，防止麻醉过度而导致死亡或发育异常。

【作业及思考题】

（1）配制果蝇玉米培养基时应注意什么问题？

（2）果蝇对光有反应吗？请设计小实验加以证明，并把现象记录下来。

（3）果蝇的生活史分几个阶段，你所观察到的果蝇在整个生活史各阶段有什么差异？

【参考文献】

[1]　牛炳韬，孙英莉.遗传学实验教程［M］.兰州：兰州大学出版社，2014.

[2]　杨大翔.遗传学实验［M］.第 3 版.北京：科学出版社，2016.

[3]　闫桂琴，王华峰.遗传学实验教程［M］.北京：科学出版社，2010.

（唐文武　梁盛年）

实验二　果蝇的性别鉴定和突变性状观察

【实验目的】

（1）通过观察雌雄果蝇的特征，掌握鉴别雌雄果蝇的方法；

（2）了解一些常见的果蝇突变性状。

【实验原理】

1. 果蝇性别差异

果蝇为二倍体昆虫，每一体细胞有 8 条染色体（$2n=8$），可配成 4 对，其中 3 对为常染色体，1 对为性染色体。果蝇的性别决定类型为 XY 型，但 Y 染色体在性别决定中不起作用，其性别决定与性指数（X/A）有关。当 $X/A=1$ 时为雌性；$X/A=0.5$ 时为雄性；$0.5<X/A<1$ 时为中间性；$X/A>1$ 时为超雌；$X/A<0.5$ 时则为超雄。一般情况下，雌果蝇为 XX，雄果蝇为 XY。

实验室常用的黑腹果蝇（*Drosophila melanogaster*）在成虫期，其雌雄表型特征区别明显，麻醉后用放大镜或肉眼可直接鉴别，其主要性状差异见表 2-1。

表 2-1　雌雄果蝇主要性状差异比较

观察性状	雌果蝇	雄果蝇
体形	较大	较小
腹部性状	似椭圆形，较膨大，末端尖	似圆筒状，末端钝圆
腹部背面	5 条黑色条纹	3 条黑色条纹，前两条细，后一条宽而延伸至腹面，呈一明显的黑斑
腹部腹面	6 个腹片	4 个腹片
第一对前足	无性梳	有性梳

性梳是鉴别雌雄果蝇最可靠的标志之一，性梳位于雄蝇第一对胸足跗节的第一亚节基部，为一梳状黑色鬃毛结构，放大 100 倍左右可看清这一结构（见图 2-1）。

2. 果蝇突变性状

果蝇的外部形态包括头、胸、腹三部分。头部的前端钝而平突，有一对大

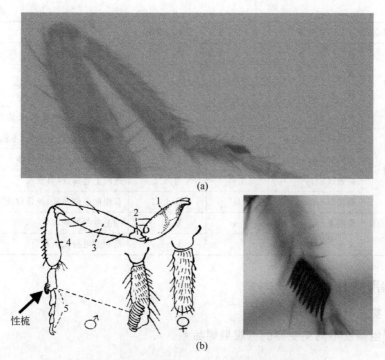

图 2-1　雄性果蝇右前足第一跗节上的性梳

(a) 雄蝇第 1 胸足结构图；(b) 跗节上的性梳

1—基节；2—转节；3—腿节；4—胫节；5—跗节

的复眼，三个单眼和一对触角，触角芒呈羽毛状。胸部有三对附肢，一对翅膀，在翅与第三对附肢间有一对平衡棒。腹部背面有背板和色素带。腹面有腹片，外生殖器在腹部腹面的末端。

　　基因及染色体的改变会引起果蝇表型性状的改变，目前已知的果蝇突变性状有 400 余种，这些突变性状大多数属于形态突变，包括体色、复眼、翅型、刚毛等方面。表 2-2 列出了果蝇中一些突变性状及相应基因的情况，彩图 2-2 展示了一些常见的果蝇突变类型，同学们也可以在 FlyBase 网站（http：//flybase.org/）下载更多的果蝇突变性状彩图。

表 2-2　果蝇常见突变性状及相应基因

影响部位	突变性状	基因符号	染色体座位	性状特征
体色	黑檀体（*Ebony*）	*e*	Ⅲ-70.7	身体呈乌木色，黑亮
	黑体（*Black*）	*b*	Ⅱ-48.5	体黑色，比黑檀体深
	黄体（*Yellow*）	*y*	Ⅹ-0.0	全身呈浅橙黄色

续表

影响部位	突变性状	基因符号	染色体座位	性状特征
复眼	白眼(White)	w	X-1.5	复眼呈白色
	褐眼(Brown)	bw	II-104.5	复眼呈褐色
	猩红眼(Scarlet)	st	III-44.0	复眼呈明亮的猩红色
	棒眼(Bar)	B	X-57.0	复眼呈狭窄垂直棒状,小眼数少
翅型	残翅(Vestigial)	vg	II-67.0	翅明显退化,部分残留,不能飞
	小翅(Miniature)	m	X-36.1	翅短小,长度不超过身体
	翻翅(Curly)	Cy	II-6.1	翅向上卷曲,纯合致死
	展翅(Dichaete)	D	III-40.7	双翅向两侧展开,纯合致死
刚毛	焦刚毛(Singed)	sn	X-21.0	刚毛卷曲如烧焦状
	叉毛(Forked)	f	X-56.7	毛和刚毛分叉且弯曲

【实验用品】

1. 实验材料

野生型及不同突变型的黑腹果蝇品系。

2. 实验器具

恒温培养箱、体视显微镜、高压灭菌锅、白瓷板、镊子、毛笔、解剖针、果蝇培养瓶（三角瓶和中指管）、脱脂棉、医用纱布、标签纸、牛皮纸、棉线绳、橡皮筋、酒精灯等。

3. 试剂

琼脂、蔗糖、玉米粉、酵母粉、丙酸（装在滴瓶中）、乙醚、50%乙醇等。

【实验步骤】

1. 果蝇的麻醉

对果蝇进行观察鉴定时，一般用乙醚进行麻醉，使其保持静止状态。果蝇对乙醚比较敏感，因此麻醉时应根据实验要求而定，作种蝇以轻度麻醉为宜，做观察时可深度麻醉，致死也可。麻醉的操作步骤如下。

（1）轻摇或轻拍培养瓶使果蝇落到培养瓶底部。

（2）右手两指取下培养瓶塞，迅速将麻醉瓶口与培养瓶口对接严密。

（3）左手握紧两瓶接口处，倒转使培养瓶在上。

（4）紧握两瓶接口，使两瓶稍微倾斜，右手轻拍培养瓶将果蝇振落到麻醉瓶中。注意不要让培养瓶中的培养基掉入麻醉瓶中，如培养基已变得太稀而易脱落，可采用麻醉瓶在上，而用黑纸或双手遮住培养瓶，使果蝇趋光自动飞入麻醉瓶中。

（5）当果蝇进入麻醉瓶后，迅速分开，将两瓶各自盖好。然后再将麻醉瓶中的果蝇拍到瓶底，迅速拔开塞子，在塞子上滴几滴乙醚，重新塞上麻醉瓶。

（6）观察麻醉瓶中的果蝇，约1min后果蝇便不再爬动，落入瓶底则麻醉就算成功了，即可倒在白瓷板上进行观察。

（7）果蝇麻醉状态通常可维持5～10min，如果观察中苏醒过来，可进行补救麻醉，即用一平皿，内贴一带乙醚的滤纸条，罩住果蝇形成一临时麻醉小室。

2. 果蝇性别的鉴定

将麻醉后的果蝇在放大镜或体视显微镜下仔细观察，观察过程中可用解剖针轻轻拨动果蝇的翅膀或腹部，翻转其背腹面，仔细检查其性别和表型特征。

性梳的有无，是鉴别雌雄成蝇的明显标志，用放大镜观察即可。如果要仔细观察性梳的结构，可将雄果蝇的第一胸足取下，置于载玻片和盖玻片之间，在低倍显微镜下观察即可。

观察鉴别完毕后，把不需要的果蝇倒入盛有50％酒精的瓶中（死蝇盛留器），以防混杂。

3. 野生型和几种常见突变类型的观察

将果蝇麻醉后，在放大镜下观察其各性状，并与野生型果蝇进行对比，观察突变型果蝇的性状表现。请同学们自行设计表格，记录你观察到的复眼颜色（红眼、白眼）及复眼形状（椭圆、棒状）、翅形（长翅、小翅、残翅）、体色（棕色、黑檀色、黄色）、刚毛（长直、卷曲）等，并自行设计表格，记录观察到的各品系果蝇的性状。

【要点及注意事项】

（1）果蝇残翅性状对温度敏感，其残翅会随着温度的升高逐步伸长，30℃下能发育成野生型一样的翅。应注意培养温度对其表型的影响。

（2）刚孵化的果蝇，体色很浅，且体节上的黑色条纹不明显，翅膀很短且卷曲。因此，不要误将其当成突变体。

（3）麻醉时注意掌握深度，防止麻醉过度而导致死亡或发育异常。

【作业及思考题】

（1）通过观察果蝇的形态特征，你认为在鉴别雌雄果蝇时，应抓住哪些主要特征？

（2）简述实验所用的各突变体的形态特征。

【参考文献】

[1]　牛炳韬，孙英莉.遗传学实验教程［M］.兰州：兰州大学出版社，2014.

[2]　杨大翔.遗传学实验［M］.第 3 版.北京：科学出版社，2016.

[3]　李雅轩，赵昕.遗传学综合实验［M］.北京：科学出版社，2005.

（唐文武　梁盛年）

实验三 果蝇的单因子杂交实验

【实验目的】

（1）验证并加深理解孟德尔分离定律；

（2）掌握果蝇杂交实验技术；

（3）学习遗传学实验结果记录及统计处理方法。

【实验原理】

基因在生物中成对存在，具有显隐性之分，显性基因决定显性性状，隐性基因决定隐性性状，这样的一对基因称为等位基因（allele），位于一对同源染色体的相同座位上。单因子杂交是指决定某一性状的一对等位基因间的杂交。孟德尔分离定律指出，一对杂合状态的等位基因，在遗传上保持相对的独立性，在形成配子时，分离到不同的配子中去，理论上配子分离比为 1:1，子二代基因型比为 1:2:1；若完全显性，子二代表型分离比为 3:1。

果蝇长翅（野生型）和残翅（突变型）是一对相对性状，受一对等位基因控制，长翅对残翅为显性性状。当野生型长翅（$+/+$）和突变型残翅（vg/vg）杂交时，F_1 都是长翅；F_1 的雌雄蝇进行兄妹杂交后，F_2 性状分离出两种表型，即长翅和残翅，其比例为 3:1（图 3-1）。

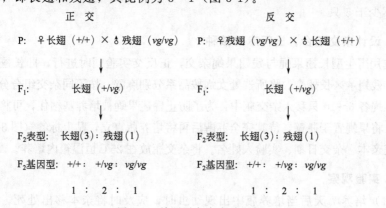

图 3-1 单因子杂交实验原理

【实验用品】

1. 实验材料

本实验所用到的黑腹果蝇（*Drosophila melanogaster*）品系为野生型长翅果蝇（＋/＋），翅长超过尾部；突变型残翅果蝇（*vg/vg*）的双翅几乎没有，只留少量残痕，无飞翔能力。长翅基因座是 II 67.0，长翅对残翅为完全显性。

2. 实验器具

恒温培养箱、高压灭菌锅、白瓷板、镊子、毛笔、果蝇培养瓶、麻醉瓶、脱脂棉、医用纱布、标签纸、牛皮纸、棉线绳、橡皮筋、酒精灯等。

3. 试剂

琼脂、蔗糖、玉米粉、酵母粉、丙酸（装在滴瓶中）、乙醚等。

【实验步骤】

1. 原种果蝇培养

实验室于杂交实验开始前 2 周，在 25℃条件下分别培养长翅和残翅果蝇品系。待每个培养瓶中的幼虫化蛹之后，移去培养瓶中的成蝇，准备挑选杂交亲本。

2. 收集亲本处女蝇

选野生型（长翅）和残翅果蝇为亲本。由于雌蝇生殖器官中有贮精囊，一次交配可保留大量精子供多次排卵受精用，因此，做杂交实验前必须收集未交配过的处女蝇。

刚羽化的雌蝇在 12h 内一般无交配能力，因此在杂交实验开始前放出亲本培养瓶中的所有成蝇，然后每隔 8～10h 收集一次刚羽化出的成蝇，并将雌雄蝇分开在不同的培养瓶中培养。收集处女蝇数量的多少根据需要而定，通常每组合不少于 5 只。

3. 设计杂交组合，进行麻醉接种

选用野生型长翅果蝇与残翅果蝇杂交，正反交实验同时进行，即长翅♀×残翅♂、残翅♀×长翅♂。将所选处女蝇按品系分别麻醉，按不同杂交组合分别选取雌、雄蝇各 6～10 只移入杂交瓶中，为了防止昏迷果蝇被培养基粘住，可将培养瓶放倒，将果蝇置于瓶壁，待其完全苏醒后再将培养瓶直立，贴上标签（图 3-2），标明杂交亲本、杂交日期、实验人姓名。将杂交瓶放在 25℃恒温箱内培养。

4. 实验观察

（1）培养 7 天后当培养瓶中出现幼虫时，应及时将亲本移出处死，以防止亲本与 F_1 代成蝇发生回交。再经 3～5 天 F_1 代成虫开始羽化，观察 F_1 代成

正交　　　　　　　　　　反交

P:　+/+ × vg/vg　　　　　P:　vg/vg × +/+

　　(♀)　(♂)　　　　　　　(♀)　(♂)

班级_____　　　　班级_____

姓名_____　　　　姓名_____

日期_____　　　　日期_____

图 3-2　果蝇单因子杂交标签示意图

蝇表型并做记录，连续检查 2～3 天或在释放亲本 7 天后集中观察。观察后的果蝇收集至尸体瓶。理论上 F_1 代个体的表型均为野生型。

（2）选取正反交各 6～10 对 F_1 代雌雄果蝇，分别移入新培养瓶（不需要处女蝇），贴好标签，写明 F_1 代的基因型、班级、姓名、杂交日期等信息。放到 25℃恒温箱内培养。当看到培养瓶内大量出现幼虫时，及时将亲本处死，以防发生回交。

（3）过 3～5 天，F_2 代成蝇出现后，进行观察统计。可连续统计 4～5 天，以保证各杂交后代的统计数目大于 200 只，已被观察统计过的果蝇要倒入尸体瓶。按照所配制的正反交组合，提出理论假设并根据实验结果进行 χ^2 检验。

【实验数据处理与分析】

（1）观察并统计正、反交 F_1 代、F_2 代的表型及个体数，比较正反交结果，完成表 3-1。

表 3-1　果蝇单因子杂交实验数据统计

世代	观察结果 统计日期	长翅+/+×残翅 vg/vg		残翅 vg/vg×长翅+/+	
		长翅数	残翅数	长翅数	残翅数
F_1 代					
	合计				
F_2 代					
	合计				

（2）根据统计结果，对该实验 F_2 代的统计数据做 χ^2 检验，完成表 3-2。

表 3-2 单因子杂交 F_2 代数据的 χ^2 检验

参数	野生型（＋）	残翅型（vg）	合计
实际观察数（O）			
理论数（E）			
偏差（$O-E$）			
$(O-E)^2/E$			

注：自由度 $=n-1=1$；$\chi^2=\sum(O-E)^2/E$。

（3）观察并统计 F_1 代的表型及个体数，分析基因间的显隐性关系。观察并统计 F_2 代的表型及各种表型的个体数，计算不同表型个体数的比例，对该实验 F_2 代的统计结果做 χ^2 测验。

查附录 8，若所计算的 $\chi^2<\chi^2_{(0.05)}$（查表），表明实验观察数与预期数之间无显著性差异，说明实验观察数符合理论假设；若所得的 $\chi^2>\chi^2_{(0.05)}$（查表），说明实验观察数与预期数差异显著，不符合理论假设。

【要点及注意事项】

（1）严格控制挑选处女蝇的时间，挑选的处女蝇最好单独培养 2～3 天，如果有幼虫出现，说明有非处女蝇混杂。

（2）观察和统计 F_1 代、F_2 代果蝇时，要先对果蝇进行深度麻醉，再进行观察统计。特别是观察翅型时，尽量避免果蝇死亡导致翅膀外展而干扰观察。

（3）乙醚是神经麻醉剂，果蝇的麻醉操作应在有通风装置的实验室中进行。

【作业及思考题】

（1）如果分别对 F_1 代、F_2 代的雌雄果蝇进行统计分析，分离规律的验证结论有无不同？

（2）纯合亲本杂交时需选择处女蝇，那么 F_1 代雌雄个体间杂交是否还需要选择处女蝇？为什么？

（3）正反交的实验结果必然相同吗？如果正反交的结果不一致，可能的原因是什么？

【参考文献】

[1]　闫桂琴，王华峰.遗传学实验教程［M］.北京：科学出版社，2010.

[2]　杨大翔.遗传学实验［M］.第 3 版.北京：科学出版社，2016.

[3]　牛炳韬，孙英莉.遗传学实验教程［M］.兰州：兰州大学出版社，2014.

（唐文武　梁盛年）

实验四　果蝇的双因子杂交实验

【实验目的】

（1）验证并加深理解孟德尔自由组合定律；

（2）记录杂交结果和掌握统计分析方法；

（3）学习分析实验成功或失败的原因等问题。

【实验原理】

自由组合定律又称为独立分配定律（Law of Independent Assortment）或孟德尔第二定律，是指支配 2 对（或 2 对以上）不同性状的等位基因，在杂合状态下保持其独立性。配子形成时，各等位基因彼此独立分离，不同对的基因自由组合。在一般情况下，F_1 代形成 4 种配子类型，其分离比为 1∶1∶1∶1；F_2 代的基因型分离比率符合 $(1∶2∶1)^2$，即 $(1/4+2/4+1/4)^2$ 三项式展开后的各项系数。当显性完全时，F_2 表型比率为 $(3∶1)^2$，二项式展开后的各项系数符合 9∶3∶3∶1。因此，可以根据杂交的配子类型及比例，F_1 代、F_2 代群体表型及比例，对 2 对（或 2 对以上）相对性状的分离和组合进行遗传分析。

双因子遗传是指位于非同源染色体上的两对等位基因的遗传规律。本实验利用果蝇的两对相对性状，分别用长翅对残翅、灰体对黑檀体进行双因子杂交，分析验证其性状遗传规律。其中黑檀体果蝇的体色为乌木色（e），与之相对应的野生型果蝇的体色为灰色（E），灰体对黑檀体为完全显性，控制这对相对性状的基因位于第 3 号染色体（70.7cM）上。果蝇另一突变性状为残翅（vg），与之对应的野生型性状为长翅（Vg），控制这对相对性状的基因位于第 2 号染色体（67.0cM）上，长翅对残翅为完全显性。根据孟德尔自由组合定律，F_1 代形成配子时，产生 4 种基因型的配子（EVg、Evg、eVg、evg），其比例为 1∶1∶1∶1。在 F_2 代中会出现 4 种表现型，分别为灰体长翅 $E\_Vg\_$、灰体残翅 E_vgvg、黑檀体长翅 $eeVg\_$、黑檀体残翅 $eevgvg$，它们之间的比例符合 9∶3∶3∶1。

【实验用品】

1. 实验材料

黑腹果蝇（*Drosophila melanogaster*）的残翅品系（$EEvgvg$）和黑檀体

品系（$eeVgVg$），其中 E 对 e、Vg 对 vg 均为完全显性，且这 2 对基因没有连锁关系，是位于不同染色体上的非等位基因。

2. 实验器具

恒温培养箱、高压灭菌锅、白瓷板、镊子、毛笔、果蝇培养瓶、麻醉瓶、脱脂棉、医用纱布、标签纸、牛皮纸、棉线绳、橡皮筋、酒精灯等。

3. 试剂

琼脂、蔗糖、玉米粉、酵母粉、丙酸（装在滴瓶中）、乙醚等。

【实验步骤】

1. 原种果蝇培养

于杂交实验开始前 2 周，在 25℃条件下分别培养残翅和黑檀体果蝇品系。待每个培养瓶中的幼虫化蛹之后，移去培养瓶中的成蝇，准备挑选杂交亲本。

2. 挑选杂交亲本果蝇

选灰体残翅和黑檀体长翅果蝇为亲本，分别做正交和反交组合实验。由于雌蝇生殖器官中有贮精囊，一次交配可保留大量精子供多次排卵受精用，因此做杂交实验前必须收集未交配过的处女蝇。刚羽化的雌蝇在 12h 内一般无交配能力，因此在杂交实验开始前放出亲本培养瓶中的所有成蝇，然后每隔 6～8h 收集一次刚羽化出的成蝇，并将雌雄蝇分开在不同的培养瓶中培养。收集处女蝇数量的多少根据需要而定，通常每组合不少于 5 只。

3. 设计杂交组合，进行麻醉接种

选用残翅品系与黑檀体品系杂交，正反交实验同时进行，即灰体残翅♀×黑檀体长翅♂、黑檀体长翅♀×灰体残翅♂。将所选处女蝇按品系分别麻醉，按不同杂交组合分别选取雌、雄各 6～10 只移入杂交瓶中，为了防止昏迷果蝇被培养基粘住，可将培养瓶放倒，将果蝇置于瓶壁，待其完全苏醒后再将培养瓶直立，贴上标签（图 4-1），标明杂交亲本、杂交日期、实验人姓名。将杂交瓶放在 25℃恒温箱内培养。

正交	反交
灰体残翅♀ × 黑檀体长翅♂	黑檀体长翅♀ × 灰体残翅♂
$EEvgvg$ × $eeVgVg$	$eeVgVg$ × $EEvgvg$
班级＿＿＿＿＿＿	班级＿＿＿＿＿＿
姓名＿＿＿＿＿＿	姓名＿＿＿＿＿＿
日期＿＿＿＿＿＿	日期＿＿＿＿＿＿

图 4-1　果蝇双因子杂交标签

4. 实验观察

（1）培养 7 天后，当亲本果蝇都已杂交产卵并在培养瓶中出现幼虫时，应及时将亲本移出处死，以防止亲本与 F_1 代成蝇发生回交。再经 5～7 天后待 F_1 代果蝇大部分已经羽化成成蝇后，将 F_1 代成蝇转到麻醉瓶中进行深度麻醉，并在白瓷板上用解剖镜（或放大镜）观察和记录 F_1 代个体的性状，分别统计正反交实验结果，分析判断 F_1 代个体的性状是否和预期结果一致。观察后的果蝇处死后收集至尸体瓶。

（2）收集正反交 F_1 代成蝇各 6～10 对，分别移入新培养瓶（不需要处女蝇），贴好标签，写明 F_1 代的基因型、班级、姓名、杂交日期等信息。放到 25℃恒温箱内培养 7 天。当看到培养瓶内大量出现幼虫时，及时将 F_1 代亲蝇移出处死，以防发生回交。

（3）过 6～7 天，F_2 代成蝇大量出现后，可进行观察统计。观察并统计 F_2 代的性状表现类型及数目，并将观察结果填入表 4-1 中。其中正反交 F_2 代成蝇的统计数目要大于 200 只，已被观察统计过的果蝇要倒入尸体瓶。

【实验数据处理与分析】

（1）观察并统计正、反交 F_1 代、F_2 代表型及个体数，比较正反交结果，完成表 4-1。

表 4-1　果蝇双因子杂交实验数据统计

世代	观察结果 统计日期	灰体残翅♀×黑檀体长翅♂				黑檀体长翅♀×灰体残翅♂			
		灰长	黑长	灰残	黑残	灰长	黑长	灰残	黑残
F_1 代									
	合计								
	比例								
F_2 代									
	合计								
	比例								

注：灰指"灰体"，黑指"黑檀体"；长指"长翅"，残指"残翅"。

（2）根据统计结果，计算不同表型之间的比例，并根据实验统计结果，按实验三的方法进行 χ^2 检验。若所计算的 $\chi^2 < \chi^2_{(0.05)}$（查表），说明实验观察数符合理论假设；若所得的 $\chi^2 > \chi^2_{(0.05)}$（查表），说明不符合理论假设。

【要点及注意事项】

(1) 严格控制挑选处女蝇的时间，挑选的处女蝇最好单独培养 2～3 天，如果有幼虫出现，说明有非处女蝇混杂。

(2) 观察和统计 F_1 代、F_2 代果蝇时，先对果蝇进行深度麻醉，再进行观察统计。特别是观察翅型时，尽量避免果蝇死亡导致翅膀外展，干扰性状观察。

(3) 如果在杂种 F_1 代中就出现性状分离，如残翅或黑檀体果蝇，表明杂交亲本的选择已出现误差。

【作业及思考题】

(1) 基因间发生自由组合的前提是什么？

(2) 分别针对 F_2 代的雌性和雄性个体进行统计分析，自由组合定律的验证结论是否会有所不同？

(3) 如果 χ^2 检验结果不符合自由组合定律，分析其可能的原因。

【参考文献】

[1] 闫桂琴，王华峰. 遗传学实验教程 [M]. 北京：科学出版社，2010.

[2] 杨大翔. 遗传学实验 [M]. 第 3 版. 北京：科学出版社，2016.

[3] 牛炳韬，孙英莉. 遗传学实验教程 [M]. 兰州：兰州大学出版社，2014.

[4] 赵凤娟，姚志刚. 遗传学实验 [M]. 第 2 版. 北京：化学工业出版社，2016.

(唐文武　梁盛年)

【实验目的】

（1）了解伴性基因所控制性状的遗传特点，熟悉伴性遗传中正反交的差别；

（2）加深了解伴性遗传与常染色体遗传的主要区别；

（3）掌握伴性性状的杂交实验方法，掌握杂交结果的统计分析方法。

【实验原理】

生物某些性状的遗传常与性别联系在一起，这种现象称为伴性遗传或性连锁遗传（sex linked inheritance），这是由于支配某些性状的基因位于性染色体上。性染色体是指直接与性别决定有关的一对或一个染色体，性染色体决定性别的方式包括 XY 型、ZW 型、XO 型。人类与果蝇的性别决定都是 XY 型，但两者的性别决定机制不同。果蝇的性别由 X 染色体上的雌性决定基因与各条常染色体上的雄性决定基因之间的比例决定（即性指数决定），Y 染色体与果蝇的性别决定无关。而人类的 Y 染色体在性别决定中起主导作用，不论染色体组中 X 染色体有几条，只要有一条 Y 染色体存在，个体就会发育成雄性。通常情况下，人或果蝇的雌性染色体构成为 XX，雄性染色体构成为 XY。

伴性遗传具有以下的遗传规律：

（1）当同配性别传递纯合显性基因时，F_1 代雌、雄个体都为显性性状。F_2 代性状的分离呈 3 显性∶1 隐性；性别的分离呈 1∶1，其中隐性个体的性别与祖代隐性个体一样，即外祖父的性状传递给 1/2 外孙。

（2）当同配性别传递纯合隐性基因时，F_1 代表现交叉遗传，即母亲的性状传给儿子，父亲的性状传给女儿。F_2 代性状与性别的比均为 1∶1。

果蝇的红眼和白眼是一对相对性状，控制该对性状的基因位于 X 染色体上，在 Y 染色体上没有与之对应的等位基因。且红眼（X^+）对白眼（X^w）为完全显性。将红眼果蝇和白眼果蝇杂交，其后代眼色的表现与性别相关，而且正反交的结果不同（图 5-1）。

$$F_2\text{分离比} \qquad \text{红眼}：\text{白眼}=3:1 \qquad\qquad \text{红眼}：\text{白眼}=1:1$$

图 5-1　果蝇眼色伴性遗传规律

【实验用品】

1. 实验材料

黑腹果蝇（*Drosophila melanogaster*）的红眼品系（X^+X^+，X^+Y）和白眼品系（X^wX^w，X^wY）。

2. 实验器具

恒温培养箱、高压灭菌锅、白瓷板、镊子、毛笔、果蝇培养瓶、麻醉瓶、脱脂棉、医用纱布、标签纸、牛皮纸、棉线绳、橡皮筋、酒精灯等。

3. 试剂

琼脂、蔗糖、玉米粉、酵母粉、丙酸（装在滴瓶中）、乙醚等。

【实验步骤】

1. 原种果蝇培养

于杂交实验开始前 2 周，在 25℃条件下分别培养黑腹果蝇的红眼品系和白眼品系。待每个培养瓶中的幼虫化蛹之后，移去培养瓶中的成蝇，准备挑选杂交亲本。

2. 挑选杂交亲本果蝇

选红眼和白眼果蝇为亲本，分别做正反交组合。其中正交选用红眼处女蝇（X^+X^+）和白眼雄蝇（X^wY）组合，反交选用白眼处女蝇（X^wX^w）和红眼雄蝇（X^+Y）组合。处女蝇要挑选 12h 内刚羽化的雌蝇，一般在杂交实验开始前放出亲本培养瓶中的所有成蝇，然后每隔 6～8h 收集一次刚羽化出的成蝇，并将雌雄蝇分开在不同的培养瓶中培养。收集处女蝇数量的多少根据需要而定，通常每组合不少于 5 只。

3. 麻醉接种

选用红眼品系与白眼品系杂交，正反交实验同时进行，即红眼♀×白眼♂、白眼♀×红眼♂。将所选处女蝇按品系麻醉，按不同杂交组合分别选取雌、雄蝇各 6～10 只移入杂交瓶中，为了防止昏迷果蝇被培养基粘住，可将培养瓶放倒，将果蝇置于瓶壁，待其完全苏醒后再将培养瓶直立，贴上标签（图 5-2），标明杂交亲本、杂交日期、实验人姓名。将杂交瓶放在 25℃ 恒温箱内培养。

<table>
<tr><td style="text-align:center">正交</td><td style="text-align:center">反交</td></tr>
<tr><td style="text-align:center">红眼♀ × 白眼♂</td><td style="text-align:center">白眼♀ × 红眼♂</td></tr>
<tr><td style="text-align:center">$(X^+X^+) \times (X^wY)$</td><td style="text-align:center">$(X^wX^w) \times (X^+Y)$</td></tr>
<tr><td>班级_____</td><td>班级_____</td></tr>
<tr><td>姓名_____</td><td>姓名_____</td></tr>
<tr><td>日期_____</td><td>日期_____</td></tr>
</table>

图 5-2 果蝇伴性遗传杂交标签

4. 实验观察

（1）培养 7 天后，当亲本果蝇都已杂交产卵并在培养瓶中出现幼虫时，应及时将亲本移出处死，以防止亲本与 F_1 代成蝇发生回交。再经 5～7 天后待 F_1 代果蝇大部分已经羽化成成蝇后，将 F_1 代成蝇转到麻醉瓶中进行深度麻醉，并在白瓷板上用解剖镜（或放大镜）观察和记录 F_1 代个体的性状，分别统计正反交实验结果，分析判断 F_1 代个体的性状是否和预期结果一致。观察过的果蝇处死后收集至尸体瓶。

（2）收集正反交 F_1 代成蝇各 6～10 对，分别移入新培养瓶（不需要处女蝇），贴好标签，写明 F_1 代的基因型、班级、姓名、杂交日期等信息。放到 25℃ 恒温箱内培养 7 天。当看到培养瓶内大量出现幼虫时，及时将 F_1 代亲蝇移出处死，以防发生回交。

（3）过 6～7 天，F_2 代成蝇大量出现后，可进行观察统计。观察并统计 F_2 代的性状表现类型及数目，并将观察结果填入表 5-1 中。其中正反交 F_2 代成蝇的统计数目要大于 200 只，已被观察统计过的果蝇要倒入尸体瓶。

【实验数据处理与分析】

（1）观察并统计正、反交 F_1 代、F_2 代表型及个体数，比较正反交结果，完成表 5-1。

表 5-1 果蝇伴性遗传实验数据

世代	观察结果 统计日期	正交(红眼♀×白眼♂)				反交(白眼♀×红眼♂)			
		红♀	红♂	白♀	白♂	红♀	红♂	白♀	白♂
F_1 代									
	合计								
	比例								
F_2 代									
	合计								
	比例								

（2）根据统计结果，计算不同表型之间的比例。

在本实验中，预期实验结果为：正交 F_1 代的表型全部为红眼，但在反交 F_1 代中会出现性状分离，即雌性子代像父本，雄性子代像母本（交叉遗传现象）。在正交 F_2 代中，雌性果蝇都为红眼，雄性果蝇有红眼和白眼；反交 F_2 代中，不论雌雄都出现红眼和白眼果蝇。

（3）χ^2 检验：请统计正反交 F_1 代和 F_2 代果蝇不同性别、性状组合的个体数，就性别和性状计算分离比例，做 χ^2 检验（表 5-2）。理论上，正反交的 F_1 代和 F_2 代性别预期值都为♀：♂＝1:1；正交 F_2 代表型预期分离比为 2:1:1，反交 F_2 代表型预期分离比为 1:1:1:1。

表 5-2 果蝇伴性遗传实验的 χ^2 检验

参数	正交(红眼♀×白眼♂)					反交(白眼♀×红眼♂)				
	红♀	红♂	白♀	白♂	合计	红♀	红♂	白♀	白♂	合计
观察数(O)										
预期数(E)										
偏差($O-E$)										
$(O-E)^2/E$										

注：自由度=$n-1$；$\chi^2=\sum(O-E)^2/E$。

查附录 8 的 χ^2 表，若所计算的 $\chi^2 < \chi^2_{(0.05)}$（查表），表明实验观察数与预期数之间无显著性差异，说明实验观察数符合理论假设；若所得的 $\chi^2 > \chi^2_{(0.05)}$（查表），说明实验观察数与预期数差异显著，不符合理论假设。

【要点及注意事项】

（1）由常染色体上的基因控制的性状在遗传传递时，正反交所得子代雌雄性状相同，而伴性遗传则有所不同。

（2）根据 C. B. Bridges 等（1913）的研究结果，伴性遗传偶有例外，即在白眼雌蝇和红眼雄蝇杂交所得到的 F_1 代中偶尔会出现例外的白眼雌蝇和红眼雄蝇。不过这种情况极为罕见，约几千个个体中出现一个。这是由于减数分裂过程中 X 染色体不分离造成的。

【作业及思考题】

（1）伴性遗传和常染色体遗传有什么不同？

（2）如果 χ^2 检验结果表明实验观察数与预期数差异显著，不符合伴性遗传规律，分析其可能的原因。

（3）简要说明伴性遗传产生例外表型的染色体机制。

（4）在反交实验中，F_1 代出现的例外白眼雌蝇的基因型为 XXY，如何设计实验加以验证？

（5）果蝇的隐性残翅基因（vg）位于常染色体上，白眼基因（w）位于性染色体上。若考虑这两对基因同时遗传时，性状的分离和重组及其与性别的关系将呈现怎样的传递特点？

【参考文献】

[1]　杨大翔.遗传学实验［M］.第 3 版.北京：科学出版社，2016.

[2]　牛炳韬，孙英莉.遗传学实验教程［M］.兰州：兰州大学出版社，2014.

[3]　赵凤娟，姚志刚.遗传学实验［M］.第 2 版.北京：化学工业出版社，2016.

[4]　仇雪梅，王有武.遗传学实验［M］.武汉：华中科技大学出版社，2015.

（唐文武　梁盛年）

实验六　玉米籽粒性状的遗传分析

【实验目的】

（1）掌握玉米籽粒性状分析的方法，理解并验证孟德尔分离、自由组合定律。

（2）通过玉米籽粒果皮色泽、糊粉层颜色及胚乳性状杂交实验，了解玉米籽粒性状基因互作的现象。

（3）学会记录杂交结果和掌握数据统计处理方法。

【实验原理】

玉米（*Zea mays*）是遗传学研究的模式植物，它具有的优点为：遗传变异类型丰富；易于自交、杂交，且繁殖系数高，后代群体数量多；染色体数目较少（$2n=20$），染色体大，便于观察减数分裂中的染色体行为特征和染色体的结构变异。同时，玉米的果穗籽粒性状变异丰富，便于观察和统计分析，是性状遗传分析的理想材料（图6-1）。

图6-1　玉米籽粒性状的变异

玉米籽粒由果皮、胚乳和胚三部分组成（图6-2）。其中果皮与种皮紧密结合不易分开，果皮由子房壁发育而成，种皮由珠被（胚囊壁）发育而成，二者均属于母本的体细胞组织，其性状由母本的基因型决定。胚和胚乳是双受精

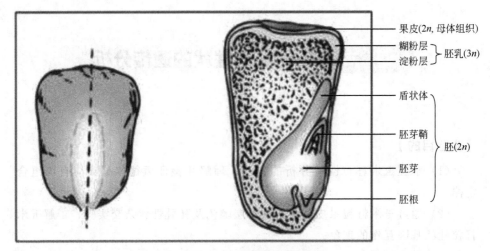

图 6-2 玉米籽粒结构示意图

发育的结果，胚由受精卵发育而来，属于二倍体（2n）。胚乳由 1 个精核与 2 个极核结合发育而来，是三倍体（3n），胚乳包括糊粉层和淀粉层。研究表明，控制玉米籽粒各性状的基因具有以下的遗传表现。

（1）果皮颜色性状有红色、花斑（红色背景上出现白色条纹）、棕色和无色。在基本色素基因 A_I 存在时，果皮颜色一般是由第 1 染色体上的等位基因（P，p），以及第 9 染色体上的等位基因（Bp，bp）两对基因互作的结果。各基因型与表型的关系如下：$P\_Bp\_$ 为红色；P_bpbp 为棕色；$P^v\_Bp\_$ 为花斑（P^v 为 P 基因座上的另一等位基因）；$ppBp\_$ 和 $ppbpbp$ 均为无色。

（2）玉米乳胚性状有非甜（Su）与甜（su）、非糯（Wx）与糯性（wx）、饱满（Sh）与凹陷（sh）等性状，且为完全显性。其中普通甜玉米基因有 $su1$ 和 $su2$，分别位于第 4 染色体和第 6 染色体上；Wx 和 Sh 基因均位于第 9 染色体上。隐性基因 su 对 wx 基因有隐性上位作用，基因型与表型的关系如下：$Su\_Wx\_$ 为非甜、非糯；Su_wxwx 为非甜、糯性；$susuWx\_$ 和 $susuwxwx$ 为甜、非糯。

（3）淀粉层颜色有黄色（Y）和白色（y）两种类型，位于第 6 染色体上，Y 对 y 为完全显性。

（4）糊粉层（即蛋白质层）颜色性状有紫色、红色和无色。它主要由 7 对基因控制，分别如下。花青素基因：A_1，a_1（位于第 3 染色体）；A_2，a_2（位于第 5 染色体）；A_3，a_3（位于第 10 染色体）。糊粉粒颜色基因：C，c（位于第 9 染色体）；R，r（位于第 10 染色体）；Pr，pr（位于第 5 染色体）。

色素抑制基因 I，i。只有当显性基因 A_1、A_2、A_3、C、R 同时存在，而抑制基因为隐性纯合 ii 时，色素才能形成。而色素形成的类别是由 Pr、pr 决定的，当显性基因 Pr 存在时，呈现为紫色；当隐性基因纯合 $prpr$ 存在时则表现为红色。当显性基因 A_1、A_2、A_3、C、R 中缺少任何一个显性基因，或当显性抑制基因 I 存在时，均表现为无色。

由于控制玉米籽粒、果皮和糊粉层颜色，以及胚乳性状的基因分别位于非同源染色体上，故这些性状的遗传表现为自由组合和基因互作现象。控制玉米籽粒性状的各对基因间表现出下列互作类型。

① 互补作用。玉米籽粒糊粉层色素的产生由 7 对基因 A_1/a_1、A_2/a_2、A_3/a_3、C/c、R/r、Pr/pr、I/i 相互作用控制。前 5 对是决定色素是否形成的基因，基因间表现为互补作用，即只有在显性基因 A_1、A_2、A_3、C、R 同时存在时，色素才能形成；若 A、C、R 中缺少任何一个色素显性基因时，籽粒均为无色。将籽粒无色、基因型为 $AACCrr$ 和 $AAccRR$ 的两亲本杂交，产生 F_1 的基因型为 $AACcRr$，籽粒表现有色。让 F_1 植株自交产生果穗，观察果穗上 F_2 籽粒的分离现象，按有色和无色两种表型记数，其 F_2 籽粒色的分离比例为 9 有色（$9AAC\_R\_$）：7 无色（$3AAC\_rr + 3AAccR\_ + 1AAccrr$）。

② 抑制作用。在籽粒糊粉层色素形成过程中，显性基因 I 对色素基因 A、C、R 均表现为抑制作用。将有色籽粒（$CCii$）与无色籽粒（$ccII$）杂交，这两个亲本在 A_1、A_2、A_3 和 R 各对基因上均为显性纯合。种植 F_1 种子后得到 F_1 植株上的自交果穗。由于抑制基因 I 能抑制所有色素基因的表达，故 F_1 自交果穗上籽粒的性状表现为 13 无色（$9C\_I\_ + 3ccI\_ + 1ccii$）：3 有色（$3C\_ii$）。

③ 隐性上位作用。玉米籽粒的色素类型由一对基因 Pr/pr 决定，显性基因 Pr 存在时呈现紫色，隐性基因 $prpr$ 存在时表现红色。但 A/a、C/c、R/r 各对基因对 Pr/pr 这对基因表现为隐性上位作用。将玉米籽粒糊粉层颜色为紫色的亲本（$CCPrPr$）与无色的亲本（$ccprpr$）杂交，得到 F_1 自交果穗。由于 cc 隐性纯合基因对 Pr 具有隐性上位作用，故 F_1（$CcPrpr$）自交果穗上籽粒的糊粉层颜色的分离比例为 9 紫色（$9C\_Pr\_$）：3 红色（$3C\_prpr$）：4 无色（$3ccPr\_ + 1ccprpr$）。

玉米乳胚有非甜（Su）与甜（su）、非糯（Wx）与糯性（wx）性状，均表现为完全显性。但隐性基因 su 对 wx 糯性基因有隐性上位作用。将甜玉米（$susuWxWx$）与糯玉米（$SuSuwxwx$）杂交，得到 F_1 自交果穗。由于 $susu$ 隐性纯合基因对 wx 具有隐性上位作用，故 F_1（$SusuWxwx$）自交果穗上籽粒的糊粉层颜色的分离比例为 9 正常（$9Su\_Wx\_$）：3 糯质（$3Su\_wxwx$）：4 甜质（$3susuWx\_ +1susuwxwx$）。

【实验用品】

1. 实验材料

玉米（$Zea\ mays$）各种性状的杂种 F_1 自交与测交的果穗标本，以及用于观察基因互作的不同杂交组合的果穗标本。

2. 实验器具

计数器、计算器、解剖针、镊子、烧杯等。

【实验步骤】

1. 玉米籽粒胚乳（甜×非甜）杂种 F_1 自交与测交性状的分离

玉米籽粒胚乳的甜、非甜由一对等位基因 Su/su 控制，非甜籽粒（$Su\_$）粒型较饱满、光滑，甜粒则整粒呈皱缩状。取 F_1 自交、测交两种果穗标本，观察非甜粒和甜粒的特征，并按籽粒外形分别计算果穗上的非甜粒数和甜粒数。将以上观察统计结果填入表 6-1，并进行 χ^2 检验。

表 6-1 玉米一对相对性状的遗传分析表

项目	玉米 F_2 籽粒		玉米测交籽粒	
表现型	非甜粒数	甜粒数	非甜粒数	甜粒数
观察值(O)				
理论值(E)				
偏差 $d=(O-E)$				
$(O-E)^2/E$				
$\chi^2=\sum(O-E)^2/E$				

2. 玉米两对相对性状的遗传分析

取玉米籽粒有色、非甜×无色、甜的杂交组合产生的 F_1 植株上的自交果穗，观察果穗上籽粒的表现型，按照有色、甜，无色、甜，无色、非甜和有色、非甜四种类型进行计数。

取玉米籽粒有色、非甜×无色、甜的杂交组合产生的 F_1 植株与无色、甜双隐性亲本进行测交所得的果穗，观察各籽粒性状，按照上述方法进行统计。

以上观察统计结果填入表 6-2，并进行 χ^2 检验。

表6-2　玉米两对相对性状的遗传分析表

项目	玉米自交果穗				玉米测交果穗			
表现型	有色非甜	有色甜	无色非甜	无色甜	有色非甜	有色甜	无色非甜	无色甜
观察值(O)								
理论值(E)								
偏差 $d=(O-E)$								
$(O-E)^2/E$								
$\chi^2=\sum(O-E)^2/E$								

3. 玉米基因互作观察与分析

取基因型 $AACCrr$（无色）和 $AAccRR$（无色）的玉米亲本杂交所产生的 F_1 植株上的自交果穗，观察果穗上籽粒的表现型，按照有色、无色类型进行计数。观察玉米基因显性互补作用的结果并进行分析。

取基因型 $CCii$（有色）和 $ccII$（无色）的玉米亲本杂交所产生的 F_1 植株上的自交果穗，观察果穗上籽粒的表现型，按照有色、无色类型进行计数。观察玉米基因抑制作用的结果并进行分析。

取基因型 $CCPrPr$（紫色）和 $ccprpr$（无色）的亲本杂交所产生的 F_1 植株上的自交果穗，观察果穗上籽粒的表现型，按照紫色、红色和无色分类记数。观察玉米隐性基因上位作用的结果并进行分析。

将以上观察统计结果填入表6-3，并进行 χ^2 检验。

表6-3　玉米籽粒性状基因互作的遗传分析表

项目	显性互补		抑制作用		隐性上位		
表现型	有色	无色	有色	无色	紫色	红色	无色
观察值(O)							
理论值(E)							
偏差 $d=(O-E)$							
$(O-E)^2/E$							
$\chi^2=\sum(O-E)^2/E$							

4. 实验结果分析

根据各实验材料自交、测交结果进行 χ^2 检验，分析所观察的性状是否符合分离定律、自由组合定律和相应的基因互作类型的理论比例。

为了验证是否符合以上规律，要对所观察的资料进行检验。常用的统计检验方法是适合性 χ^2 检验。在适合性检验（χ^2 检验）中，若所计算的 χ^2 <

$\chi^2_{0.05}$（查附录 8），表明实验观察数与预期数之间无显著性差异，说明实验观察数符合理论假设；若所得的 $\chi^2 > \chi^2_{0.05}$（查附录 8），说明实验观察数与预期数差异显著，不符合理论假设。

【要点及注意事项】

（1）每个实验组合至少要考察计算 2 个以上的果穗。

（2）每组中，每个果穗只能被考察计数 1 次。

【作业及思考题】

（1）为什么要进行 χ^2 检验？χ^2 检验适用于哪些统计分析？

（2）如果出现不符合孟德尔定律的现象，可能的解释是什么？

（3）如果将玉米籽粒亲本进行正交和反交实验，实验结果是否会有差异？

【参考文献】

[1] 赵凤娟，姚志刚.遗传学实验 [M].第 2 版.北京：化学工业出版社，2016.

[2] 卢龙斗，常重杰.遗传学实验技术 [M].北京：科学出版社，2007.

[3] 杨大翔.遗传学实验 [M].第 3 版.北京：科学出版社，2016.

[4] 李雅轩，赵昕.遗传学综合实验 [M].北京：科学出版社，2005.

（唐文武　吴秀兰）

第二部分

细 胞 遗 传 学 实 验

实验七　植物细胞有丝分裂及染色体行为观察

【实验目的】

（1）了解植物细胞周期中染色体的动态变化；

（2）掌握植物染色体玻片标本的制备技术；

（3）熟悉细胞有丝分裂的全过程，重点是分裂中、后期染色体变化的特征。

【实验原理】

1. 细胞有丝分裂

细胞分裂是生物个体生长和生命延续的基本特征。在高等植物中，有两种主要的细胞分裂方式，即有丝分裂和减数分裂。有丝分裂是植物个体生长和分化的基础，也是植物细胞增殖的主要方式。在有丝分裂过程中，每次核分裂前必须进行一次染色体的复制。在分裂时，每条染色体分裂为两条子染色体，精确地平均分配到两个子细胞中去，从而使产生的两个子细胞与其母细胞所含的染色体在数目、形态和性质上都是相同的。由于染色体上有遗传物质 DNA，因而在生物的亲代和子代之间保持了遗传性状的稳定性。染色体的这种特异性、恒定性、连续性和在细胞分裂过程中的正确复制及分配被确认是遗传物质的载体，是遗传传递规律的细胞学基础。可见，细胞的有丝分裂对于生物的遗传有重要意义。

2. 植物材料预处理

高等植物有丝分裂主要发生在根尖、茎生长点、幼叶等部位的分生组织，其中根尖因取材容易、操作和鉴定方便，被广泛利用。染色体常规压片技术是观察植物染色体常用的方法，该技术以分裂旺盛的根尖细胞为材料，经预处理、固定、解离、染色和压片等程序，可在显微镜下观察到大量处于有丝分裂不同时期的细胞和染色体，以便进行有关研究。

在正常情况下固定的根尖材料中，由于细胞分裂的中期持续时间很短而发现的分裂相较少，而且即使是处于分裂中期的细胞，由于染色体紧密排列于赤道面上，因而很难将染色体分散开来，不利于进行染色体计数和形态观察。为了克服这一困难，一般采用化学或物理的方法对植物材料进行预处理。预处理可以阻碍细胞分裂中纺锤体的形成，但并不影响分裂前期细胞的正常分裂，因此使得细胞分裂停止在中期，这样便可以获得较多的中期分裂相。同时，预处理的作用还可以使染色体收缩变短，在制片过程中更易分散。常用的预处理药物有 $0.01\% \sim 0.2\%$ 的秋水仙素溶液、饱和对二氯苯溶液、$0.002 \sim 0.004\,mol/L$ 的 8-羟基喹啉、饱和 α-溴苯等。预处理时，将根尖直接浸泡在药液中，在适宜的温度下处理一定的时间（表7-1），即可取得较好的效果。很多植物的染色体计数和组型分析都是采用预处理技术，并结合植物染色体的常规压片技术完成的。

表7-1　几种植物常用药液的预处理时间

药　品	条件	洋葱	玉米	小麦
0.1%秋水仙素溶液	温度	15℃	室温	25℃
	处理时间	4h	3h	2h
饱和对二氯苯溶液	温度	室温	—	室温
	处理时间	4h	—	2h
0.002mol/L 8-羟基喹啉	温度	20℃	18℃	室温
	处理时间	3h	3.5h	4h

3. 染色压片法

为了能够在显微镜下观察到清晰的染色体，还需对染色体标本进行染色，较好的染色方法有铁矾-苏木精、卡宝品红、乙酸洋红等染色压片法。其中以卡宝品红染色法最为简便、快捷。

（1）铁矾-苏木精染色压片法　先将根尖放入 4% 铁矾水溶液中媒染 $2 \sim 4h$，流水冲洗 20min，洗净附着的铁矾后转入 0.5% 苏木精染液（配制方法见附录2）中避光染色 $40 \sim 120min$，使染色稍深。染后经自来水洗几次，在水中可加几滴氨水，以使着色蓝化。这时材料变得较硬且脆，因此需要放在45％乙酸中进行软化和分色，分色后应随时镜检。取染色适中的根尖置于载玻片上，用刀片将根尖分生组织切成薄片（越薄越好），滴1滴45％冰乙酸，加盖玻片后利用解剖针轻敲盖玻片，使材料呈云雾状即可镜检。

（2）卡宝品红染色压片法　固定好的材料经解离后，用蒸馏水冲洗后，将根尖置于干净的载玻片中央。用刀片切下根尖分生组织区，将其切成薄片，滴一滴卡宝品红染液（配制方法见附录2），染色10～15min，盖上盖玻片压片后镜检。

（3）乙酸洋红染色法　取根尖放在吸水纸上吸去多余的保存液，然后放在一张干净的载玻片中央。用刀片将根尖分生组织切下，将其切成薄片，滴1滴2％乙酸洋红染液（配制方法见附录2），盖上盖玻片，进行压片。方法同铁矾-苏木精压片法。也可以采用十字交叉压片法。即：取根尖放在吸水纸上吸去多余的保存液，然后放在干净的载玻片中央。用刀片将分生组织切下，将其切成薄片。取另一张干净的载玻片，呈十字形交叉盖在放有材料的载玻片上。在载玻片上盖一张吸水纸，并用大拇指压片，使材料压成一薄层。然后将两载玻片分开，各滴加1滴染色液进行染色。稍停片刻后加上盖玻片，在酒精灯上轻烤一下片子，一手固定盖玻片，另一手用铅笔橡皮头对准材料轻轻敲打，使根尖细胞分散均匀。

【实验用品】

1.实验材料

洋葱（*Aillum cepa*）鳞茎，蚕豆（*Vicia faba*），小麦种子等。

2.实验器具

光学显微镜、培养箱、恒温水浴锅、温度计、镊子、解剖针、刀片、载玻片、盖玻片、滴管、烧杯、吸水纸。

3.试剂

卡诺固定液、卡宝品红染色液、0.002mol/L 8-羟基喹啉水溶液、0.05％～0.2％秋水仙素溶液、对二氯苯饱和水溶液、1mol/L HCl、加拿大树胶等。实验所用的固定液、染液及所用溶液的配制方法见书后附录。

【实验步骤】

1.根尖材料培养

（1）培养洋葱根尖　选取底盘大的洋葱作生根材料，剥去外层老皮，用刀削去老根，注意不要削掉四周的根芽。将洋葱鳞茎置于盛水的小烧杯（或广口瓶）上，让洋葱的底部接触杯内的水面。把小烧杯放进 20～25℃培养箱内培养。培养时注意每天换水 1～2 次，防止烂根。待根长约 1.5cm 时，在上午 9 时取健壮的根尖进行预处理。

（2）种子培养根尖　选取蚕豆（或小麦）种子放在烧杯中，放清水浸泡过夜，使种子吸水胀大后倒出，再用清水洗几次，用多层纱布包好种子，放进 20～25℃培养箱内培养。当根尖长 1～1.5cm 时，即可以在上午 9 时取生长旺盛的根尖进行预处理。

2. 预处理

为了有利于细胞有丝分裂中染色体的观察和计数，使染色体缩短、分散，形态结构稳定，便于压片。在材料固定之前利用秋水仙素等药液对根尖材料进行预处理，以阻止或破坏纺锤体微管的形成，使有丝分裂过程被抑制在分裂中期阶段，以便累积较多的处于分裂中期的分裂相；同时改变细胞质的黏度，使染色体高度浓缩、变短，利于染色体的分散。预处理一般在分裂高峰前处理 1.5h 以上。处理的方法如下。

（1）秋水仙素水溶液　常用浓度为 0.1%的秋水仙素溶液，室温下浸泡根尖材料 3～4h。对抑制纺锤体活动的效果明显，易获得较多的中期分裂相，并且染色体收缩较直，有利于对染色体结构的研究。

（2）对二氯苯饱和水溶液　室温下处理 3～5h，对阻止纺锤体活动和缩短染色体的效果也较好，对染色体小而多的植物，计数染色体制片效果最好。

（3）8-羟基喹啉水溶液　使用浓度为 0.002mol/L，一般认为它将引起细胞黏滞度的改变，进而导致纺锤体活动受阻。通常处理 2～4h，可使中期染色体在赤道面上保持其相应的排列位置，另一优点是处理后的缢痕区较为清晰。

（4）冰冻预处理　将根尖浸泡在蒸馏水中，置于 1～4℃冰箱内或盛有冰块的保温瓶中冰冻 24h。这种方法对染色体无破坏作用，染色体缩短均匀，效果良好，简便易行，各种植物都适用。

3. 固定

通常采用的是卡诺固定液。固定的目的是用化学的方法把细胞迅速杀死，使蛋白质变性，并尽量保持原来的分裂状态，同时更易于着色。固定时，将预处理及作为对照的种子/根尖水洗两次，移入卡诺固定液中（固定液量约为材料的 10 倍，一个容器中所装的材料不能太多，温度不能太高），室温处理 2～24h。固定后的材料若不及时使用，可经过 95%乙醇冲洗后再转入 70%乙醇中，置于冰箱内 4℃保存备用，保存时间最好不要超过 2 个月。

4. 解离

解离的目的是使分生组织细胞之间的果胶质层水解掉，并使细胞壁软化，便于压片。解离的时间视根尖的粗细老嫩不同而有差异。一般方法是：将固定后（或保存后）的根尖分装到小烧杯内，用蒸馏水漂洗，再加入 1mol/L HCl 溶液，在 60℃下水解 8～10min（洋葱用 8min，蚕豆侧根用 10min），解离成功的根尖，分生组织发白，伸长区已呈半透明，似烂状。

5. 染色及压片

将解离后的根尖用蒸馏水换洗 3 次，每次 5min，将解离液及其解离出的可溶性物质彻底洗净。漂洗时间和次数一定要足够，否则会影响染色效果或染不上色。

将解离漂洗后的根尖放在小培养皿里，取根尖放在洁净的载玻片上，可见根尖顶端有一段乳白色的组织，即为分生组织。用刀片切取 1mm 左右的分生区，其余部分弃掉，加 1 滴卡宝品红染液，染色 10min。加盖玻片后，用镊子在有材料的地方轻压几下，使生长区的细胞分散开来，再在盖玻片上覆盖一层吸水纸，用拇指适当用力下压，用解剖针敲击根尖部位，重复几次，力一次比一次大，使材料分散成薄薄的一层，以盖玻片不破裂为准。

【预期实验结果辨析】

有丝分裂是连续、动态的过程，一般分为间期、前期、中期、后期、末期五个时期。彩图 7-1 显示洋葱根尖的有丝分裂过程，在这五个时期中染色体呈连续、动态的变化。在光学显微镜下我们主要根据染色体的收缩程度、集结情况来确定一个细胞所处的分裂时期。

间期的染色体呈细线状，不能彼此分辨，存在核仁（但如果用改良的卡宝品红染液染色则无法显示）。前期是从间期向中期过渡的时期，染色体从细长不可见到粗短可见，核仁仍存在。前期与间期的区别在于其染色体较间期粗，但早前期染色体仍不能识别，晚前期染色体粗细接近中期，但比中期染色体长。中期染色体收缩到最粗最短，由纺锤丝牵引排在赤道板上，较容易识别。后期最明显的特征是两团染色体向两极拉开，但又没有到达两极。末期两团染色体到达两极，其特征性的结构是可以看到细胞板的形成。彩图 7-1 显示洋葱根尖有丝分裂不同时期的典型分裂相。

【要点及注意事项】

（1）压片时材料要少，避免细胞紧贴在一起，致使细胞和染色体没有伸展的余地。

（2）用解剖针敲打盖玻片时，要用力均匀，避免盖玻片破裂。

【作业及思考题】

（1）固定液的作用是什么？在使用固定液时应注意什么？

（2）预处理的作用是什么？

（3）在你观察的细胞分裂过程中，哪些分裂时期最多，为什么？

（4）直接固定和经过预处理后固定的材料，其分裂相有何不同？

【参考文献】

［1］ 杨大翔.遗传学实验［M］.第 3 版.北京：科学出版社，2016.

［2］ 牛炳韬，孙英莉.遗传学实验教程［M］.兰州：兰州大学出版社，2014.

［3］ 赵凤娟，姚志刚.遗传学实验［M］.第 2 版.北京：化学工业出版社，2016.

［4］ 仇雪梅，王有武.遗传学实验［M］.武汉：华中科技大学出版社，2015.

（唐文武　陈刚）

实验八 动植物细胞减数分裂及染色体行为的观察

【实验目的】

（1）观察减数分裂各个时期的特征及染色体的形态、数目的变化，加深对减数分裂遗传学意义的认识；

（2）学习并进一步掌握动、植物减数分裂玻片标本的制作方法和基本技能；

（3）了解动、植物的生殖细胞的形成过程。

【实验原理】

减数分裂是一种特殊的细胞分裂，仅在配子形成过程中发生。这一过程的特点是：连续进行两次核分裂，而染色体只复制一次，结果形成四个核，每个核只含单倍数的染色体，即染色体数减少一半，所以称作减数分裂。另外一个特点是前期特别长，而且变化复杂，包括同源染色体的配对、交换、分离和非同源染色体的自由组合等。

在高等生物里雌雄性细胞形成的过程中，都是先由有性组织（如花药和胚珠、精巢和卵巢）中的某些细胞分化为孢母细胞（$2n$），以及精母与卵母细胞（$2n$）。进一步由这些细胞进行一种连续两次的减数分裂，即减数第一次分裂和减数第二次分裂，最终各自产生 4 个小孢子（n）或精细胞（n），或是分别产生一个大孢子或卵细胞（n）与三个退化的极体（n）。再经受精作用，雌、雄配子融合为合子，染色体数目恢复为 $2n$。这样，在物种延续的过程中，确保了染色体数目的恒定，从而使物种在遗传上具有相对的稳定性。同时，基因的分离、自由组合以及连锁交换同时通过减数分裂发生，可以说减数分裂是经典遗传学的根本。通过减数分裂的观察，可以详细到染色体的形态、数目、组成和染色体的鉴定和分析等，从而为遗传学研究中远缘杂种的分析、染色体工程中的异系鉴别、常规的组型分析以及三个基本规律的论证，提出了直接与间接的依据和细胞学基础。

遗传学实验中通常以植物的小孢子母细胞或动物的精母细胞为材料观察减数分裂过程。由于大孢子母细胞数量少，制片不易；而动物的卵母细胞不仅数量少，而且进行减数分裂时通常停留在前期Ⅰ很长时间直到性成熟，因此不易观察其他时期的分裂相。在本实验中，我们以玉米及蝗虫为材料制备染色体标本，观察、比较动植物减数分裂过程中染色体的行为。玉米是容易栽培和获取的植物材料，2n＝20。蝗虫属于昆虫纲、直翅目、蝗科，全世界广泛分布，容易获取。本实验利用东亚飞蝗（*Locusta migratoria manilensis*），2n＝23。蝗虫染色体大，数目少，在减数分裂过程中染色体的特征比较明显，是进行减数分裂观察的经典材料，但有些分裂相（尤其是减数分裂Ⅱ中的一些分裂相）不易识别。

【实验用品】

1. 实验材料

玉米（*Zea mays*，2n＝20）幼穗，东亚飞蝗（*Locusta migratoria manilensis*）精巢（2n＝23）。

2. 实验器具

显微镜、解剖针、镊子、刀片、载玻片、盖玻片、吸水纸、酒精灯、小广口瓶等。

3. 试剂

卡诺固定液、45％乙酸、卡宝品红染液（配制方法见附录2）、香柏油等。

【实验步骤】

一、玉米

1. 取材

植物进行减数分裂时外部表现为一定的形态特征。玉米最后一片叶刚露出叶尖的一周内，花粉母细胞进入减数分裂期。用手摸植株顶端，有松软感觉的部位就是雄花序所在。用刀片将此处叶鞘纵向划一刀，剥出雄花序检查，花药长 3mm 左右、呈黄绿色、约占小花一半长度时最合适。如花药黄色则太老，绿色则太嫩。每个小穗内有 2 朵小花，每朵具有 3 个花药，第 1 小花比第 2 小花嫩，同一朵小花的三个花药几乎处于同一分裂时期。我们一般取较长的花药制片。

2. 固定

将取样玉米花序中太老、太嫩的小穗剪除，用卡诺固定液室温下固定 2～24h，固定液的量为材料的 5 倍。固定后的花序用 70％乙醇换洗 3 次，最后一次存放在冰箱中备用。固定的目的是迅速杀死活细胞，同时使染色体的蛋白变性，保持其固有的形态。

3. 制片及镜检

从 70％乙醇中取出 1～2 个小穗，用滤纸吸去固定液。用镊子夹出花药摆在载玻片上，加一小滴改良卡宝品红染液浸没花药，然后持解剖针或刀片横切花药，再用针头轻压，挤出小孢子母细胞，静置 3～5min。然后利用低倍镜（100×）观察。如观察到的花粉母细胞呈圆形，细胞核的位置可见一小团染色较深的物质；或花粉母细胞呈两个半月形或四个圆锥形，都说明其处于减数分裂期。

初步镜检合格后，用镊子尽可能去除载玻片上的花药壁残片。盖上盖玻片，以两指夹持载玻片的两长边，小心地在酒精灯外焰上过几次（不要烤沸!），然后在显微镜下观察染色是否合适。反复几次，直至合适为止。加热的目的，一是使细胞质膨胀，二是使染色体着色加深。如染色过深，可以在盖玻片边缘注一滴 45％的冰乙酸，而在相对的边缘用吸水纸吸收在盖玻片下流动的染色液，直到胞质脱色而染色体仍清晰可见为止。

将好的制片放在水平的台上，覆上滤纸压片，并在油镜（1000×）下仔细地观察染色粒、染色体联会、染色体分离等特征，并鉴定各时期。实验中同学之间可以相互参观和交流，借以扩大观察内容和范围。

二、蝗虫

1. 取材

蝗虫以夏秋两季采集为宜。蝗虫雌雄个体有明显的差别，一般雄虫个体较小，雌虫个体较大；在外生殖器形态方面，雄体腹部末端为交配器，形似船尾；而雌体腹部末端上下产卵瓣分叉，与雄体明显不同。

将捕到的雄虫剪去双翅，再由腹部的背面剖开，其中橘黄色的团状结构组织就是蝗虫的精巢。精巢一般成对紧紧贴在一起，外被薄膜，薄膜上含大量脂肪，使整个精巢呈黄色。将精巢投入到 0.7％的生理盐水中，剔除脂肪，就可以看到精巢中细小的纤维状曲细精管。

2. 固定

将剔除脂肪的精巢投入到卡诺固定液中，室温下固定 2～6h，至精巢发白。转入 70％酒精换洗两次，并在 70％酒精中保存备用。

3. 制片及镜检

挑取 3～4 条曲细精管置于载玻片上。用镊子从曲细精管中间切成两段，弃去后半段（近输精管端，属于转化区内，含大量的成熟精子与精细胞），留下前半段（因为前半段细胞分裂旺盛，易于观察各分裂相）。滴一滴改良卡宝品红染液，同时以小镊子轻轻挤压精细小管外壁，以使性母细胞或减数分裂中各时期的细胞流出精细小管管壁，以利于观察。染色 10~15min 后盖上盖玻片，用手指隔着吸水纸略加压力，使细胞散开，铺成单层。随后便可放显微镜下观察。

【预期实验结果辨析】

本实验难在看懂一些分裂相，尤其是蝗虫。原因是：①本实验只用普通光学显微镜水平的细胞学证据，难以推断诸如细胞中包含几条染色体等问题；②动物性母细胞分裂后，无法借助子细胞数或邻近细胞染色体形态来判断分裂相是属于减数分裂Ⅰ还是减数分裂Ⅱ；③减数分裂是动态过程，分裂相逐步过渡，有些分裂相之间界限模糊，比较难以确认。

尽管如此，仔细辨别还是能找到将各时期区分开来的特征。可借助减数分裂各时期的典型特征和相关文献来综合判断所观察分裂相所处时期。下面对减数分裂各时期的识别要点做了简要说明，并附上相应的蝗虫和玉米性母细胞减数分裂各时期的典型特征图（彩图 8-1，彩图 8-2），以供借鉴。

1. 减数分裂Ⅰ

（1）前期Ⅰ

① 细线期：染色体呈很细的染色线，螺旋卷曲分散在细胞核内，沿着整条染色线分布着许多染色粒，形似念珠，在细胞核内，核仁清晰可见。

② 偶线期：同源染色体彼此接近，发生联会。在细线期末、偶线期初，染色体或染色丝在细胞中的部位发生变化。在植物细胞中，染色丝凝集成团，偏于细胞核的一边，称为凝线期，在这一时期，还出现染色质（丝）穿壁转移运动。在动物细胞中，染色丝的一端聚集到核的一侧，而另一端呈放射状扩散，呈花束状，特称花束期。凝线期或花束期一直延续到偶线期结束粗线期开始为止。

③ 粗线期：同源染色体完成配对，成为二价染色体（或成对的同源染色体），染色体由于螺旋卷曲的结果而缩得很短，每一粗线期的染色体具有两条并列的染色单体，成对的同源染色体含有四条染色单体，称为四分体，核仁附着于特定的染色体上。

④ 双线期：同源染色体之间彼此开始分离，但是在一个或多个点上互相交叉而又保持在一起，形似麻花。在该期，同源染色体的两个染色单体之间发生交换。

⑤ 终变期：染色体缩得更短，交叉移向染色体的中间或末端，呈现 V 形、8 形、O 形或 X 形。染色体常移到核的周围靠近核膜的地方，是统计染色体的

最好时期。该期结束时，伴随着核膜的破裂和核仁的消失。

（2）中期Ⅰ　核膜和核仁已消失，染色体排列在赤道面上，两极出现纺锤体并与染色体的着丝点相连。此时所有的四分体都排列在纺锤体的中部，但并不发生着丝点的分裂现象，与有丝分裂不同。

（3）后期Ⅰ　每个四分体中的两个同源染色体，由于着丝粒的作用而彼此分离，逐渐向两极移动，形成两组染色体。

（4）末期Ⅰ　当两组染色体移动到两极后又聚集起来，核膜重新出现。在第一次核分裂之后，有些物种紧接着就进行胞质分裂，如百合、洋葱等，但有些物种则不接着进行胞质分裂，而是在第二次核分裂后才进行胞质分裂，如蚕豆、聚合草等。

2. 减数分裂Ⅱ

（1）前期Ⅱ：染色体缩短变粗，染色体开始清晰起来。每个染色体含有一个着丝粒和纵向排列的两条染色单体。前期快结束，染色体更短粗，核膜消失。

（2）中期Ⅱ：染色体排列在赤道面上，每个染色体含一个着丝粒、两条染色单体。两条染色单体开始分离。此时细胞的染色体数为 n，每一个染色体有两条染色单体。

（3）后期Ⅱ：两条染色单体分离，移向两极，每极含 n 条染色体。

（4）末期Ⅱ：染色体逐渐解螺旋，变为细丝状，核膜重建，核仁重新形成。胞质分裂，各成为两个子细胞。

【要点及注意事项】

（1）蝗虫采集以九月份正处于交配期的雄蝗虫为最好，此时性母细胞大量分裂，容易观察到减数分裂的全过程。

（2）在精巢中选择比较粗圆的曲精细管，并挑选细胞分裂旺盛的前半段曲精细管进行染色观察。尽量不要选择近输精管的后半段，因该段属于转化区内，主要含成熟精子和精细胞。

（3）压片材料要少，尽量利用解剖针挤出性母细胞。避免大量细胞在一起不利于观察。

【作业及思考题】

（1）取材时间的早晚是本实验成功与否的关键，请总结玉米及蝗虫适时取样的要点。

（2）根据细胞分裂过程，以两对同源染色体为例，归纳减数分裂与有丝分裂的区别。

（3）在减数分裂的观察中，一般不需要对材料进行预处理，为什么？

【参考文献】

［1］　杨大翔. 遗传学实验［M］. 第 3 版. 北京：科学出版社，2016.

［2］　闫桂琴，王华峰. 遗传学实验教程［M］. 北京：科学出版社，2010.

［3］　赵凤娟，姚志刚. 遗传学实验［M］. 第 2 版. 北京：化学工业出版社，2016.

［4］　卢龙斗，常重杰. 遗传学实验技术［M］. 北京：科学出版社，2007.

（唐文武　陈刚）

实验九 果蝇唾腺染色体的制备与观察

【实验目的】

(1) 了解果蝇唾腺的形态学及遗传学特征;

(2) 掌握分离果蝇幼虫唾腺的技术;

(3) 掌握果蝇唾腺染色体的制片方法;

(4) 观察唾腺染色体结构特征并绘制染色体图。

【实验原理】

双翅目昆虫的整个消化道细胞发育到一定阶段后就不再进行有丝分裂,而停止在分裂间期。但随着幼虫整体器官以及这些细胞本身体积的增大,细胞核中的染色体,尤其是唾腺染色体仍不断地进行自我复制而不分开,经过许多次的复制形成约 $1000 \sim 4000$ 拷贝的染色体丝,合起来达 $5\mu m$ 宽,$400\mu m$ 长,比普通中期相染色体大得多(约 $100 \sim 150$ 倍),所以又称多线染色体(polytene chromosome)和巨大染色体(giant chromosome)。这些巨大的唾腺染色体具有许多重要特征,为遗传学研究的许多方面,如染色体结构、化学组成、基因差别表达等提供了独特的研究材料。

唾腺染色体的另外一个特点是体细胞中同源染色体处于紧密配对状态,这种状态称为"体细胞联会"。在以后不断的复制中仍不分开,由此成千上万的核蛋白纤维丝结合在一起,紧密盘绕。所以细胞中染色体只呈单倍数。黑腹果蝇的染色体数目 $2n=8$,其中第Ⅱ、第Ⅲ染色体为中部着丝粒染色体,第Ⅳ和第Ⅰ(X染色体)染色体为端着丝粒染色体。唾腺染色体形成时,染色体着丝粒和近着丝粒的异染色质区聚于一起形成一个染色体中心,所以在光学显微镜下可见染色中心伸出 6 条配对的染色体臂,其中 5 条为长臂,1 条为紧靠染色体中心的很短的臂。

唾腺染色体经染色后,呈现颜色深浅不同、疏密各异的横纹。这些横纹的数目、位置、宽窄及排列顺序都具有物种的特异性。研究认为这些横纹与染色体的基因是有一定关系的。从其横纹分布特征可对物种的进化特征进行比较,而一旦染色体上发生了缺失、重复、倒位、易位等结构变化,也可较容易地在唾腺染色体上观察识别出来。

【实验用品】

1. 实验材料

黑腹果蝇（*Drosophila melanogaster*）野生型或任何突变型的三龄幼虫。

2. 实验器具

显微镜、体视显微镜、解剖针、镊子、载玻片、盖玻片、滤纸条等。

3. 试剂

卡宝品红染液、生理盐水（0.85%）、蒸馏水等。卡宝品红染液的配制方法见附录2。

【实验步骤】

1. 三龄幼虫的饲养

将5～10对果蝇接种到加有酵母菌的培养瓶中进行培养，2～3天后清除亲蝇。当培养瓶中出现幼虫后，在培养基表面追加低浓度的酵母液（2%～4.5%的酵母水溶液），每天滴加1～2滴。三龄幼虫（图9-1）期适当增加酵母液的浓度（10%左右）。滴加量以盖上培养基表面一层为准，以改善果蝇的营养条件。同时，低温培养（16～18℃）有利于幼虫的充分生长发育，以获得个体较大、结构清晰、有利于解剖的个体。

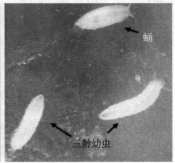

图 9-1　果蝇三龄幼虫

2. 剥取唾腺

从培养瓶中挑选肥大的、接近化蛹的三龄幼虫置于干净的载玻片上，先用蒸馏水反复冲洗幼虫，将其表面杂质冲洗干净，最后滴一滴生理盐水浸泡幼虫，但量不可过多，然后将载玻片置于体视镜下。取两根解剖针，一根扎住口器，一根扎在幼虫前端1/3处，两针向两个方向迅速拉开，使其从头部断开，唾腺随之而出。唾腺是一对透明的上小下大的囊状结构，上面附着白色的脂肪条（在底光源和顶光源下观察），仔细观察可发现是由一个个较大的唾腺细胞组成的。三龄幼虫及唾腺的形态见彩图9-2。

用解剖针将不需要的组织挑除，细心剔除脂肪体，再把唾腺周围的杂物用吸水纸清理干净。注意此时动作应放慢，因唾腺很小，容易随水流的移动而进入到吸水纸中。

3.染色及压片观察

染色采用常规的方法，即载玻片上滴加一滴卡宝品红染液，染色5～10min。

将染色后的载玻片放在实验台板上，盖上盖玻片，用解剖针柄螺旋形由中间到四周，轻轻地敲击盖玻片，使细胞分散，染色体平展；再用两层滤纸覆盖在盖玻片上，用两个拇指垂直用力按压，注意要有一定的力度，且盖玻片与载玻片之间不能滑动，否则会造成染色体的扭曲断裂。将制好的片子先在低倍镜下观察，选取染色体分散较好的细胞放于高倍镜下观察。

【预期实验结果辨析】

果蝇唾腺细胞因同源染色体配对，其中4号染色体和X染色体是端着丝粒染色体，而2号、3号染色体是中央着丝粒染色体，因此，显微镜下果蝇巨大唾腺染色体是从染色中心向四周放射性伸出5长1短共6条臂。其中1号染色体（X染色体）的一端在染色体中心上，另一端游离；2号、3号染色体从染色中心以V字形向外伸出，形成2L、2R、3L、3R四条臂；4号染色体很短小，呈点状负载染色中心边缘。巨大唾腺染色体每条臂端部的横纹、蓬突等特征是特定的，且各条不同。我们可根据以下特征来辨别每条臂。

①第4染色体臂非常小，特征不明显，其上的带纹很难看清，形态似乎也在变化；它夹在几条臂末端及染色中心中，不易与周围的组织相区分。②X染色体头像导弹，这个导弹头有时呈球形，导弹头下面2B位上有一个永久性的蓬突，这个蓬突可能较导弹头大，也有可能与其一样大，这是X染色体最突出的特征。③2L头部像一把紫砂壶，"壶盖"有时很清晰，有时则不明显。④2R的情况比较复杂。它的头部有一种形状，也像紫砂壶，与2L头相似。但是"壶盖底"的着色很深，另一种形状则与3R头非常相似。⑤3L头部像一顶僧帽，帽顶的细节不尽相同。在一些细胞中，这顶僧帽会变成各种大小的扇形帽。但是，无论帽子如何变，在普通光学显微镜下，帽子下的6个位置上可以非常稳定地看到深染的纹。⑥3R头部扇形展开时，也像一朵鸡冠花。区别于2R、3R头部末端呈展开状态时。见图9-2。

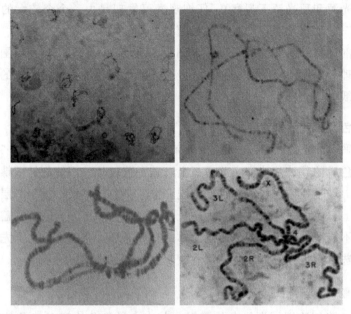

图 9-2 果蝇唾腺染色体

【要点及注意事项】

（1）分离果蝇唾腺时，一定要滴加生理盐水，否则唾腺易干；但也不能滴加太多，否则幼虫会漂浮且活跃。

（2）剥离唾腺后，用滤纸吸水时应注意勿将唾腺一起吸走。

（3）染色时间不可过长，以免背景着色过深而影响观察鉴定。

（4）压片时受力盖玻片要均匀，用时要防止盖玻片移动而导致染色体断裂。

【作业及思考题】

（1）本次实验对实验材料有何要求，为什么？

（2）通过反复实践，你认为该实验的关键步骤是什么？

【参考文献】

［1］ 杨大翔.遗传学实验［M］.第 3 版.北京：科学出版社，2016.

［2］ 牛炳韬，孙英莉.遗传学实验教程［M］.兰州：兰州大学出版社，2014.

［3］ 闫桂琴，王华峰.遗传学实验教程［M］.北京：科学出版社，2010.

（唐文武　梁盛年）

实验十 人类体细胞性染色质的检测

【实验目的】

（1）掌握人类体细胞性染色质玻片标本的制作方法；

（2）观察识别 X 染色质和 Y 染色质的形态特征及其所在部位，并鉴定个体性别；

（3）学习人类体细胞核内 X 染色质和性染色质数目之间存在的关系。

【实验原理】

人类体细胞性染色质是在间期细胞核中由性染色体演变而来的一种结构小体，这种小体包括 X 染色质（X 小体）和 Y 染色质（Y 小体）两种。

1. X 染色质

1949 年，Barr 等人首次在雌猫的神经细胞间期核中发现了一种深染色的浓缩小体，该小体与核仁、核膜紧贴，但在雄性猫中没有。此后，许多科学家的研究指出这种两性异型现象在有袋类、偶蹄类、食肉类和灵长类等雌性哺乳动物的多种组织细胞中存在，而在啮齿类动物中很少观察到。Barr 把这种小体称为"性染色质体"或"X 染色质"，也称为"巴氏小体"（Barr's body），并推断是由性染色体的异染色质衍化而来的。后人研究证实，X 染色质就是两个 X 染色体的其中之一在间期时发生异固缩的结果，属于延迟复制的染色体，通常处于失活状态。

正常女性的体细胞，如口腔黏膜细胞、皮肤结缔组织、宫颈上皮细胞、毛根细胞等细胞的间期都存在 X 染色质。用染液染色后，可观察到结构致密的染色小体，直径约 $1\mu m$，常位于核膜内侧缘，呈圆形、卵圆形、扁平的三角形等多种形态（图 10-1）。女性体细胞核中 X 染色质的出现率为 $30\% \sim 60\%$，因正常男性只有一条 X 染色体，一般情况没有 X 染色质，故可作为性别诊断的指标之一。

1961 年，英国学者 Mary Lyon 通过小鼠 X 连锁毛色基因的遗传学研究，提出了 X 染色体失活的假说，即 Lyon 假说。其主要观点如下：①雌性哺乳动

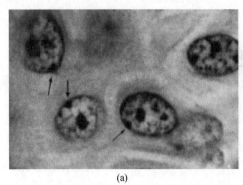
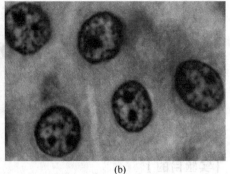

(a)　　　　　　　　　　　　　　(b)

图 10-1　人体口腔细胞 X 染色质

（a）正常女性细胞核膜边存在巴氏小体（箭头所指）；（b）正常男性细胞的核膜附近无巴氏小体

物体细胞内仅有一条 X 染色体是有活性的。另一条 X 染色体在遗传上是失活的，在间期细胞核中螺旋化而呈异固缩为 X 染色质。②X 染色体的失活是随机的。异固缩的 X 染色体可以来自父方或来自母方。但是，一旦某一特定的细胞内的一个 X 染色体失活，那么此细胞增殖的所有子代细胞也总是这一个 X 染色体失活，即原来是父源的 X 染色体失活，则其子女细胞中失活的 X 染色体也是父源的。因此，失活是随机的，但是恒定的。③X 染色体失活发生在胚胎早期，大约在妊娠的第 16 天。在此以前的所有细胞中的 X 染色体都是有活性的。

由于雌性细胞中有两条 X 染色体，而雄性细胞中只有一条 X 染色体，为了保证 X 染色体上基因表达产物的量在雌雄两性中处于相同水平，所以雌性细胞中有一条 X 染色体失去活性，这是一种剂量补偿效应。这样使得雌雄两性细胞中都只有一条 X 染色体保持转录活性，是维持雌雄两性生物基因表达一致所特有的遗传效应。

需要说明的是，即使是失活的 X 染色体，其基因并非全部失去活性，有部分基因仍具有一定的活性，因此，X 染色体数目异常的个体，不仅在表型上有别于正常个体，而且出现多种异常的临床症状。通过巴氏小体检测可确定胎儿性别和查出性染色体异常的患者。如外貌为男性的克氏（Klinefelter's）综合征患者，却有一个巴氏小体，可判断该患者的核型是 47，XXY。外貌为女性的特纳氏（Turner's）综合征患者却无巴氏小体，可判断其核型是 45，XO。通过对 X 染色质的研究，有助于揭示 X 连锁基因的调控机理和性染色体的进化过程，对于医学遗传学的研究、临床以及法医诊断都具有一定的现实意义。

2. Y 染色质

1970 年，Pearson 等人以男性的口腔上皮细胞和成纤维细胞为材料，用荧光染料进行染色，发现在细胞核的中部或近边缘处，有一直径约为 $0.25\mu m$ 的荧光小体，呈圆形或椭圆形。这种小体长期存在于间期细胞核内，被认为是雄性哺乳动物细胞中 Y 染色体长臂远端的异染色质区所形成的，因此称之为 Y 染色质或 Y 小体。Y 染色质在男性中出现的频率一般为 20%～50%，但由于个体的差异，出现的频率可能有较大不同。在男性的口腔上皮细胞、淋巴细胞以及精液中都可检测出 Y 染色质，正常男性细胞中可见一个，正常女性细胞中则不出现。实践中进行 Y 染色质的检测，对于性别发育的鉴定和 Y 染色体异常的诊断都具有一定的实际意义。

【实验用品】

1. 实验材料

正常男、女性的口腔黏膜细胞和毛根鞘细胞。

2. 实验器具

普通显微镜、荧光显微镜、离心机、电子天平、冰箱、加样枪、枪头盒、尖嘴镊子、灭菌牙签、解剖针、离心管盒、1.5mL Eppendorf 管、吸水纸、擦镜纸、称量纸、纸杯、载玻片、盖玻片、试剂瓶、滴瓶、染色缸、吸管、烧杯、玻棒等。

3. 试剂

蒸馏水、0.9% 生理盐水、95% 乙醇、75% 乙醇、45% 乙酸、香柏油、5mol/L HCl、卡宝品红染液、硫堇紫染液、0.5% 盐酸喹吖因染液、Macllvaine's 缓冲液、以及固定液Ⅰ（甲醇：冰乙酸＝3：1）、固定液Ⅱ（95% 乙醇：乙醚＝1：1）。各类染液、固定液及缓冲液的配制方法见附录。

【实验步骤】

一、X 染色质标本的制备与观察

1. 口腔黏膜细胞

（1）取材　让女性受检者用水漱口数次，再用无菌牙签刮取口腔两侧颊部上皮黏膜细胞，弃去第一次的刮取物（去掉上皮死细胞和细菌等）后，在原位刮取 2～3 次，将刮取物置于盛有 0.5mL 0.9% 生理盐水的 Eppendorf 管内。用同样的方法刮取男性口腔上皮细胞作为对照。

（2）固定　置于 Eppendorf 管中的材料（口腔上皮黏膜细胞），先在

2000r/min 下离心 20min，弃去上清液，加入 1mL 固定液Ⅰ（甲醇：冰乙酸 ＝3∶1），混匀后静置 30min，再于 1000r/min 下离心 15min 后弃上清液，加入 1mL 固定液，充分混匀后制成细胞悬液。

（3）酸解　新制成的细胞悬液，用吸管滴一滴到预冷的洁净载玻片上，晾干后，于样品处滴加 1～2 滴 5mol/L 盐酸，静置酸解 10min，然后用缓慢水流冲洗几遍，晾干。

（4）染色、制片　待玻片干燥后，于样品处滴加 1～2 滴卡宝品红染液，染色 3～5min（勿使干燥），覆盖洁净盖玻片，垫上吸水纸，用拇指轻压即成为临时制片。

（5）镜检　先在低倍镜下找到上皮细胞，再在高倍镜或油镜下观察。选择 80～100 个分散良好、细胞核较大、染色适度的细胞，观察 X 染色质的形态特征，并统计出现频率。

2.毛根鞘细胞

（1）取材　拔取女性带有毛根鞘（发根）的头发，长 2～3cm，置于洁净的载玻片上。同样取男性带有毛根鞘的头发作为对照。

（2）酸解　在发根部位滴加 1～2 滴 45％乙酸（或 5mol/L 盐酸）溶液，静置酸解 5min，可使毛根鞘细胞充分软化，用吸水纸吸去多余的乙酸（或盐酸）溶液，或用蒸馏水冲洗。

（3）转移　用尖嘴镊子将软化的根部组织剥于另一洁净载玻片，弃去毛干，用解剖针将剥下的组织均匀分散，空气干燥（一根发根的毛根鞘细胞可以转移到 3～4 张载玻片）。

（4）染色　待玻片干燥后，滴加 1～2 滴硫堇紫染液，染色 10～20min。

（5）漂洗　将玻片转入 75％乙醇中，漂洗约 30s 后，取出晾干。

（6）镜检　先在低倍镜下找到上皮细胞，再在高倍镜或油镜下观察。选择 80～100 个分散良好、细胞核较大、染色适度的细胞，观察 X 染色质的形态特征，并统计出现频率。

二、Y 染色质标本的制备与观察

（1）取材涂片　让男性受检者用水漱口数次，再用无菌牙签刮取口腔两侧颊部上皮黏膜细胞，弃去第一次的刮取物（去掉上皮死细胞和细菌等）后，在原位刮取 2～3 次，分别涂抹于洁净的载玻片上，范围为 1～2 张盖玻片大小，空气干燥。用同样的方法刮取女性口腔上皮细胞作为对照。

（2）固定　待涂片干燥后置于固定液Ⅱ（乙醇：乙醚＝1∶1）中，固定 20min～12h，然后转入 95％乙醇中 30min，取出空气干燥。

（3）染色　将处理好的涂片浸入 Macllvaine's 缓冲液（pH6.0）中 5min，然后投入 0.5％盐酸喹吖因染液中，染色 10min。

（4）漂洗　取出已染色的涂片，先用缓慢流水冲洗 1min，再在蒸馏水中漂洗一下，除去多余的染色颗粒。

（5）压片　在样品上滴加 1～2 滴 Macllvaine's 缓冲液，覆盖洁净盖玻片，垫上吸水纸，用拇指轻压即成为临时制片。

（6）镜检　将制片置于荧光显微镜下，先用低倍镜观察，后用油镜观察，选择 80～100 个分散良好、核膜完整清晰、染色适度的细胞（整个细胞发荧光亮者不计入），观察 Y 染色质的形态特征，统计出现频率。

【实验预期结果辨析】

1. X 染色质观察

显微镜下观察可见，X 染色质通常位于细胞核的核膜内侧边缘，呈现为结构致密的浓染小体，染色比核质深，轮廓清晰，直径约 1μm，有圆形、卵形、微凸形、三角形等多种形态。X 染色质为女性细胞中特有的染色体结构，是一条 X 染色体呈异固缩状态而形成的。正常女性间期核中可观察到一个 X 染色质，出现频率从 30％～60％不等，正常男性细胞中无 X 染色质，或在个别细胞中出现不典型的 X 染色质（约 2％）。

2. Y 染色质观察

一般应将制备好的片子静置于暗处，在 12～17h 之内镜检为宜，因为 12h 之前出现 Y 染色质的细胞很少，而且 Y 染色质的荧光不够明亮，17h 之后制片开始褪色。具体时间可根据实验安排，但制片应静置于暗处至少 30min，然后在荧光显微镜下观察。

在低倍镜下观察，可见细胞核被染成黄色。在油镜下观察，在核内中部或近核膜边缘处，出现一个较强的荧光点，小而亮、呈黄色，直径约 0.25μm，圆形或椭圆形，即为 Y 染色质。正常男性口腔黏膜细胞中 Y 染色质出现的频率一般为 20％～50％，正常女性中不出现。

【要点及注意事项】

（1）制片取材时，刮取口腔上皮细胞用的牙签必须提前灭菌，刮取时要注意安全。

（2）涂片要晾干后再染色，这样细胞能牢固地粘到载玻片上，在染色时不会脱落。

（3）染色时间不宜太长，否则细胞核染色较深，反差较小，影响性染色质的观察。

（4）固定液要新鲜配制，荧光染液最好现配现用，荧光显微镜观察时保持室内暗光。

【作业及思考题】

（1）简述 X 染色质和 Y 染色质形成的机制。

（2）检测 X 染色质和 Y 染色质有何实际意义？

（3）观察一位女性或男性的 80～100 个口腔黏膜细胞，统计性染色质的出现频率。

【参考文献】

[1]　杨大翔.遗传学实验［M］.第 3 版.北京：科学出版社，2016.

[2]　牛炳韬，孙英莉.遗传学实验教程［M］.兰州：兰州大学出版社，2014.

[3]　张根发.遗传学实验［M］.北京：北京师范大学出版社，2010.

（唐文武　陈刚）

实验十一　人类染色体核型分析

【实验目的】

（1）学习染色体核型分析的基本方法，掌握染色体核型分析中各指标的计算方法；

（2）了解和认识人类染色体组的基本组成和染色体的形态特征。

【实验原理】

1. 染色体核型

染色体核型，又称染色体组型，是生物体细胞所有可测定的染色体表型特征的总称。包括染色体数，染色体组数，染色体基数，每条染色体的形态、长度、着丝粒的位置，有无随体或次缢痕等。染色体组型是物种特有的染色体信息之一，具有很高的稳定性和再现性。核型分析除对染色体分组外，还能对染色体的各种特征做出定量和定性的描述，是研究染色体的基本手段之一。利用这一方法可以鉴别染色体结构变异、染色体数目变异，也可研究物种的起源、遗传与进化，是细胞遗传学、现代分类学的重要分析手段。

2. 人类染色体核型分析

人类的单倍体染色体组（$n=23$）上约有 2.6 万个结构基因，每条染色体约有上千个基因。各染色体上的基因都有严格的排列顺序，各基因间的毗邻关系也是较为恒定的。人类的 24 种染色体形成了 24 个基因连锁群，所以，染色体上发生任何数目异常，甚至是微小的结构变异，都必将导致许多或某些基因的增加或减少，从而产生临床效应。染色体异常常表现为具有多种畸形的综合征，称为染色体综合征，其症状表现为多发畸形、智力低下和生长发育异常，此外，还可看到一些特征性皮肤纹理改变。染色体畸变还将导致胎儿死产或流产。染色体病已成为临床上较常见的危害较为严重的病种之一，染色体病的检查、诊断已经成为临床实验室检查的重要内容。

1960 年，在美国丹佛召开了第一届国际遗传学会议，讨论并确定正常人核型（karyotype）的基本特点，形成丹佛体制，并成为识别人类各种染色体病的基础。按照该方法，将待测细胞的染色体进行分析和确定是否正常，以及异常特点，即为核型分析。人类染色体分组及形态特征见表 11-1。

A 组：包括 1～3 号染色体。1 号最大，M 型，长臂近侧有一次缢痕；2 号较大，SM 型；3 号较大，比 1 号染色体短约 1/3。

B 组：包括 4～5 号染色体。较大，均为 SM 型，短臂相对较短，两者不容易区分。

C 组：包括 6～12 号及 X 染色体。中等大小，均属 SM 型，较难区分。6 号、7 号、8 号、11 号和 X 染色体的着丝粒略近中央，短臂相对较长；9 号、10 号、12 号染色体的着丝粒偏离中央。9 号染色体长臂有较大次缢痕。X 染色体介于 7～8 号之间，但较难区分。

D 组：包括 13～15 号染色体。中等大小，属 ST 型，均具有随体，但不一定显现且随体的大小存在个体差异。非显带下较难区分 13～15 号染色体。

E 组：包括 16～18 号染色体。染色体小。16 号为 M 型，其长臂近着丝粒处有一次缢痕；17 号为 SM 型，短臂较长；18 号为 SM 型，且是 SM 中最短的染色体。

表 11-1　人类染色体分组及形态特征（非显带标本）

组别	染色体序号	形态大小	着丝粒位置	次缢痕/随体
A	1～3	最大	M(1,3);SM(2)	1 号有次缢痕
B	4～5	次大	SM	无
C	6～12,X	中等	SM	9 号有次缢痕
D	13～15	中等	ST	13～15 号有随体
E	16～18	小	M(16);SM(17,18)	16 号有次缢痕
F	19～20	次小	M	无
G	21～22,Y	最小	ST	21 号、22 号有随体

注：M 为中间着丝粒染色体，SM 为近中着丝粒染色体，ST 为近端着丝粒染色体。

F 组：包括 19～20 号染色体，是次小的 M 型，但在非显带标本中难以区分。

G 组：包括 21～22 号及 Y 染色体，是最小的 ST 型，一般有随体。21 号、22 号染色体的长度略有差别，但把这较小的 21 号染色体排在稍大的 22 号前面。Y 染色体无随体，染色体一般比 21 号、22 号长。

根据丹佛体制的规定，正常核型的描述方式为：46,XX；46,XY。

【实验用品】

1. 实验材料

人类染色体非显带、显带的标本照片。

2. 实验器具

直尺，剪刀，绘图纸，铅笔，装有 Photoshop 软件的计算机。

【实验步骤】

1. 传统手工核型分析

（1）测量　根据提供的人类染色体标本照片，首先确认染色体数目 $2n=46$，并确认每条染色体的着丝粒位置，以此正中心为界，测量每条染色体的长臂（q）和短臂（p）长度并在图中进行标注。并算出每条染色体的绝对长度（$q+p$）、臂比率（q/p）和着丝点指数 $[p/(p+q)]$。其中随体的长度可不计入染色体长度之内，但应注明。弯曲的染色体可分段测量再相加。

（2）配对　根据所测数据结合目测，按染色体的形态及大小、臂比率、次缢痕的有无和位置、随体的形态和大小等情况将同源染色体配对。

（3）排队　将配对后的同源染色体按丹佛体制规定的 7 组划分法进行排队和编号。其排队原则如下：按照染色体大小相近及着丝粒位置相同进行分组排列；按照染色体长的在前，等长的染色体短臂长的排在前面；大随体染色体在前，小随体染色体在后。

（4）剪贴制图　剪下各染色体，按照已确定的同源关系和先后顺序，粘贴在绘图纸上。粘贴时应使着丝粒都排列在一条直线上。并一律短臂向上，长臂向下，成对排列。

将排列剪贴后的染色体按 A～G 分组，每一组下面画一横线，并写明具体组号，染色体从大到小编为 1～22 号，性染色体单独列为一组。

（5）计算相对长度　计算每对染色体的相对长度，并将上述测量的长臂、短臂、绝对长度、臂比率、着丝粒类型、有无随体等数据填写到表 11-2中。其中相对长度（%）＝该条染色体长度×100%/（22 条常染色体长度＋X染色体长度）。

表 11-2　人类染色体核型分析数据

染色体编号	短臂长度	长臂长度	臂比率	相对长度	有无随体	组别

2. 图像分析方法

Adobe Photoshop 是一款流行的功能强大的图像处理软件，可以很容易地完成染色体的排列、测量等工作。程序远较传统方法简单，同时还具备去除原照片中的斑点、划痕，调整亮度、对比度，并对交叉重叠的染色体臂进行修整等功能，使分析结果比较完美。利用 Photoshop 进行人染色体核型分析的方法如下。

（1）图片获取　将图片输入电脑中。有两种获得图片的方法：一是选择染色体分散良好的有丝分裂中期的细胞，用数码相机进行拍摄（100 万像素即可），然后输入电脑；二是按传统方法拍摄，再用 300dpi 或更高的分辨率将照片扫描进计算机。

（2）图片处理　用剪裁工具（crop tool）将不需要的部分裁去，调整图像的位置，视情况调整亮度、对比度，去除斑点、划痕等，然后储存图像，命名为"原始图"。在进一步分析前，用橡皮工具（eraser tool）等将照片中除染色体以外的其他区域擦除干净。然后将图像另存为"核型图"，利用这张背景干净的"核型图"进行核型分析。

（3）图片分析　根据目测，对染色体进行大致归拢。首先将一组染色体中非常明显（如最长、最短，具有随体等）、较易分辨的同源染色体进行配对，归类。其余的染色体可以根据自己的判断，暂且将它们配对。按从长到短的顺序或其他规则，将这些配对的染色体排列起来。然后，测量各条染色体的总长及各臂长度。根据测量结果，再对第一步中"误配"的染色体进行调整。

将染色体大致归类的过程仅需要反复使用套索（lasso）与自由变形（free transform）两个工具即可。用套索工具从图中圈选同源染色体，从 Edit 菜单中选择 Free transform，此时被圈选的染色体外出现一个矩形的框，用鼠标按住矩形框的一个角可自由地旋转被圈选中的染色体，使短臂朝上，长臂朝下。而将鼠标伸入矩形框中并按住，则可将选中的染色体拖向任何位置。移动到目的地后，按回车键又可回到套索工具中来。自由变形的快捷键是 Ctrl＋T，使用此快捷键可省力不少。重复上述过程，将所有的同源染色体配成对。在配对过程中，可借助放大工具（zoom tool），看清染色体的细节。

测量每条染色体的总长与臂长，调整"误配"的染色体。在菜单中选 Edit→Preference→Guide、Grid&Slice，将其中的 Grid line every 设为 1cm，Subdivision 则可视精度需要设为 10 或其他值，在菜单中选 View→Ruler、View→Show→Grid 显示标尺与网格，将图像放大到 300％ 左右，根据网格线标示准确测量每条染色体的长度及相应的臂长，并做记录。由此读出的尺寸即是被扫描的原始照片中的染色体的尺寸，虽然显示在屏幕上的染色体要比原始照片中的大。如果一条染色体臂是弯曲的，可按前文叙述的方法圈选并旋转染色体，分段测量。这种测量方法既简便又准确。

算出每条染色体的总长、臂长、臂比等参数。这些参数最为接近的两条染色体为同源染色体。根据这些结果，对目测有误的配对结果进行调整。

（4）核型分析结果　调整"核型图"画布的大小，将"原始图"移进"核型图"中来，按需要调整大小和位置。用文字工具（type tool）在图的下方对核型图做些说明。合并所有的图层。另存成"核型分析"。最后，用光泽照片纸或高分辨率纸将结果打印出来或插入到其他文档中即可。

【作业及思考题】

（1）你认为核型分析中哪些染色体容易鉴别，哪些不易鉴别？

（2）染色体核型分析的意义是什么？

【参考文献】

[1]　王金发，戚康标，何炎明.遗传学实验教程［M］.北京：高等教育出版社，2008.

[2]　张根发.遗传学实验［M］.北京：北京师范大学出版社，2010.

[3]　刘祖洞，江绍慧.遗传学实验［M］.第2版.北京：高等教育出版社，2004.

（唐文武　陈刚）

第三部分

微生物遗传学实验

实验十二　大肠杆菌的诱变与遗传分析

【实验目的】

（1）学习和应用物理、化学因素对细菌进行诱变的方法；

（2）掌握根据菌株特征进行突变株筛选的基本技术；

（3）掌握诱变产生营养缺陷型菌株的筛选与鉴定的技术。

【实验原理】

微生物是遗传学研究的重要材料之一。用某些物理因素或化学因素处理细菌，可诱发基因突变。如果突变后丧失合成某一物质（如氨基酸、维生素、核苷酸等）的能力，不能在基本培养基上生长，必须补充某些物质才能生长，称为营养缺陷型。实验室获得营养缺陷型菌株通常经过以下几个步骤：诱变处理→突变型筛选→缺陷型检出→缺陷型鉴定。

诱变处理首先要选择诱变剂，诱变剂可分为物理诱变剂和化学诱变剂两类。常用的物理诱变剂有 X 射线、紫外线、快中子、γ 射线等。在微生物诱变中，最常用的物理诱变剂是紫外线。常用的化学诱变剂有亚硝酸、甲基磺酸乙酯、5-溴尿嘧啶、2-氨基嘌呤、叠氮化钠、秋水仙素等。诱变处理必须选择合适的剂量，不同微生物的最适处理剂量不同，须经预备实验确定。物理诱变的相对剂量与三个因素有关：诱变源和处理微生物的距离、诱变源（紫外线灯）功率、处理时间，往往通过处理时间控制诱变剂量。化学诱变剂的剂量也常以相对剂量表示。相对剂量与三个因素有关：诱变剂浓度、处理温度和处理时间。一般通过处理时间来控制剂量，在处理前对诱变剂和菌液分别预热，当二者混合后即可计算处理时间，可精确控制处理剂量。

　　进行诱变处理时为了避免出现不纯的菌落，一般要求微生物呈单核的单细胞或单孢子的悬浮液，分布均匀。实验表明处于对数生长期的细菌对诱变剂的反应最灵敏。经处理以后的细菌，缺陷型所占的比例还是相当小，必须设法淘汰野生型细胞，提高营养缺陷型细胞所占的比例，浓缩缺陷型细胞。浓缩缺陷型细胞的方法有青霉素法、菌丝过滤法、差别杀菌法、饥饿法等，这些方法适用于不同的微生物。细菌中常用的浓缩法是青霉素法，青霉素是杀菌剂，只杀死生长细胞，对不生长的细胞没有致死作用。所以在含有青霉素的基本培养基中野生型能长而被杀死，缺陷型不能生长，可被保存得以浓缩。

　　检出缺陷型的方法有逐个测定法、夹层培养法、限量补给法、影印培养法。本实验利用逐个测定法进行最普通的细菌——大肠杆菌（*Escherichia coli*）缺陷型检出。基本流程是：把浓缩过的缺陷型菌液接种到完全培养基上，然后将所产生的每个菌落分别接种在基本培养基和完全培养基上。凡是在基本培养基上不能生长而在完全培养基上能长的菌落就是营养缺陷型。经初步确定为营养缺陷型的菌株用生长谱法鉴定。在同一培养皿上测定一个缺陷型对多种化合物的需要情况。

【实验用品】

1. 实验材料

大肠杆菌（*Escherichia coli*）K12SF$^+$菌株。

2. 实验器具

离心机、紫外线照射箱、冰箱、恒温培养箱、高压灭菌锅、三角烧瓶、试管、离心管、移液管、培养皿、接种针等。

3. 试剂及相关培养基

试剂包括：20 种基本氨基酸、7 种维生素（硫胺素、核黄素、吡哆醇、泛酸、对氨基苯甲酸、烟碱酸、生物素）、嘌呤、嘧啶、亚硝酸钠、青霉素钠盐、冰乙酸、乙酸钠、氢氧化钠、硫酸镁、蔗糖、葡萄糖、琼脂、生理盐水、K_2HPO_4、KH_2PO_4、三水合柠檬酸钠、牛肉膏、蛋白胨、氯化钠、$(NH_4)_2SO_4$、0.1mol/L 乙酸缓冲液（pH＝4.0）、0.1mol/L NaOH 溶液。

培养基包括：基本培养基（固体）、基本培养基（液体）、无 N 基本培养基（液体）、2N 基本培养基（液体）、肉汤培养基（液体）、ZE 肉汤培养基（液体），其配制方法见附录 4。混合氨基酸培养基分为 7 组，每种氨基酸（包括核苷酸）等量研细、充分混合，各组的具体组成如下：

Ⅰ.赖氨酸、精氨酸、甲硫氨酸、半胱氨酸、胱氨酸、嘌呤；

Ⅱ.组氨酸、精氨酸、苏氨酸、谷氨酸、天冬氨酸（或甘氨酸）、嘧啶；

Ⅲ.丙氨酸、甲硫氨酸、苏氨酸、羟脯氨酸、甘氨酸、丝氨酸；

Ⅳ.亮氨酸、半胱氨酸、谷氨酸、羟脯氨酸、异亮氨酸、缬氨酸；

Ⅴ.苯丙氨酸、胱氨酸、天冬氨酸、甘氨酸、异亮氨酸、酪氨酸；

Ⅵ.色氨酸、嘌呤、嘧啶、丝氨酸、缬氨酸、酪氨酸；

Ⅶ.脯氨酸。

混合维生素培养基：把硫胺素、核黄素、吡哆醇、泛酸、对氨基苯甲酸、烟碱酸及生物素等量研细，充分混合即可。

【实验步骤】

1.菌种活化

实验前 14～16h，挑取少量 K12SF⁺ 菌，接种于盛有 5mL 肉汤培养液的三角瓶中，37℃培养过夜。第二天添加 5mL 新鲜的肉汤培养液，充分混匀后，分装成两只三角瓶，继续培养 5h。

将两只三角瓶中的菌液分别倒入离心管中，3500r/min 下离心 10min，弃去上清液，打匀沉淀，其中一管吸入 5mL 生理盐水，然后倒入另一离心管，二管并成一管。

2.诱变处理

（1）物理诱变　预先打开紫外线灯（15W）稳定 30min。然后吸取菌液 3mL 于培养皿内，置于紫外线照射箱中，距灯管 28.5cm 处。先盖上盖，在紫外线灯下灭菌 1min，然后开盖处理 1min（处理时间依 70%的杀菌率而定）；照射后先盖上皿盖，再关紫外线灯。

吸取 3mL ZE 肉汤培养液，注入处理后的培养皿中，将培养皿置于恒温培养箱中，37℃暗培养 12h 以上。

（2）化学诱变　取 1mL 菌液于离心管中，冰冻 1L，制成静止细胞。然后加入 5ml 乙酸缓冲液（pH4.0），再加入 13.8mL 的亚硝酸钠，37℃诱变处理 5～8min。加入 0.1mol/L NaOH 中和至 pH7.0，终止亚硝酸作用。

3.青霉素法淘汰野生型

（1）吸取 5mL 处理菌液于灭菌离心管中，3500r/min 离心 10min。

（2）弃去上清液，加入生理盐水，打匀沉淀，离心洗涤三次，加生理盐水至原体积。

（3）吸取菌液 0.1mL 于 5mL 无 N 基本培养液中，37℃培养 12h。

（4）加入等体积的 2N 基本培养液，加入青霉素钠盐使最终浓度约为 1000 单位/mL，置 37℃恒温箱中培养。

（5）培养 12h、16h、22h 时分别取菌液 0.1mL，倒入两个灭过菌的培养皿中，再分别倒入经熔化并冷却至 40～50℃的基本及完全培养基，摇匀放平，待凝固后，置于 37℃恒温箱中培养（在培养皿上注明取样时间）。

4. 营养缺陷型菌株的检出

（1）以上平板培养 36～48h 后，进行菌落计数。选用完全培养基上长出的菌落数大大超过基本培养基的那一组，用接种针挑取完全培养基上长出的菌落 80 个，分别先点种基本培养基，后点种完全培养基，置于 37℃恒温箱中培养 12h。

（2）培养 12h 后，选在基本培养基上不生长而在完全培养基上生长的菌落，再在基本培养基的平板上划线，置于 37℃恒温箱中培养。24h 后不生长的可能是营养缺陷型。

5. 鉴定营养缺陷型菌株的生长谱

（1）突变菌株的培养与收集　将检出的可能是营养缺陷型的菌落接种于盛有 5mL 肉汤培养液的离心管中，37℃下培养 14～16h。然后在 3500r/min 离心 10min，倒去上清液，加生理盐水，打匀沉淀，然后离心洗涤 3 次，最后加生理盐水到原体积。

（2）营养缺陷型的鉴定　吸取经离心洗涤的菌液 1mL 注入一灭过菌的培养皿中，然后倒入熔化冷却至 40～50℃的基本培养基中，摇匀放平，待凝固，共做两只培养皿。

将 2 只培养皿底等分 8 格并标记（见图 12-1），依次放入混合氨基酸（包

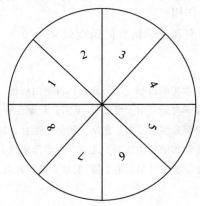

图 12-1　生长谱鉴定用培养皿底部示意图

括核苷酸）、混合维生素和脯氨酸（加量要很少，否则会抑制菌的生长），然后置于37℃恒温箱中培养24～48h，观察生长圈，当某一格内出现圆形浑浊的生长圈时，即说明是某一氨基酸、维生素或核苷酸的缺陷型。

【要点及注意事项】

（1）在进行紫外诱变时，由于皮肤暴露在紫外线下可致皮肤癌，眼睛最易受到紫外线的损伤而导致短期甚至永久失明。因此，在实验中要有相应的防护措施，保护自己免受紫外线的损伤。

（2）亚硝酸钠也是较强的致癌物质，操作时要格外小心，注意安全与环境保护。

（3）各种器具、培养基及直接加入培养基中的试剂均需灭菌。

【作业及思考题】

（1）将经诱变处理，并在含青霉素的培养基中培养12h、16h、24h后，将涂布于基本及完全培养基上的菌落的生长情况填入表12-1。

表12-1 基本及完全培养基上生长的菌落数目统计

培养基 \ 取样时间	菌落数		
	12h	16h	24h
［＋］			
［－］			

（2）观察培养皿中的生长圈出现在哪一区，说明是何种类型的营养缺陷型？

（3）为什么青霉素能杀死基本培养基上的野生型菌株细胞，而对营养缺陷型突变株细胞没有杀伤作用？

（4）试比较物理诱变和化学诱变的诱变效果。

【参考文献】

［1］ 闫桂琴，王华峰.遗传学实验教程［M］.北京：科学出版社，2010.

［2］ 赵凤娟，姚志刚.遗传学实验［M］.第2版.北京：化学工业出版社，2016.

［3］ 李雅轩，赵昕.遗传学综合实验［M］.北京：科学出版社，2005.

［4］ 卢龙斗，常重杰.遗传学实验技术［M］.北京：科学出版社，2007.

［5］ 刘祖洞，江绍慧.遗传学实验［M］.第2版.北京：高等教育出版社，2004.

（陈兆贵　吴秀兰）

实验十三 大肠杆菌的杂交及基因定位

【实验目的】

(1) 学习细菌染色体上基因分布特征，了解细菌遗传分析的特点；

(2) 了解细菌杂交和基因定位的基本原理和方法；

(3) 掌握利用梯度转移法进行基因定位的基本方法。

【实验原理】

1946 年，Lederberg 和 Tatum 利用不同营养缺陷的大肠杆菌混合培养，意外地获得了能在基本培养基上生长的杂种菌，这些杂种菌出现的频率大约为亲本细胞的 $1/(10^5 \sim 10^6)$。进一步的研究表明，杂种菌只有通过两亲本细胞相互接触、杂交才能产生。大肠杆菌杂交时，遗传物质的转移是单向的，只能从一种细菌转向另一种细菌，即细菌中同样存在着性别之分。能转移遗传物质的细菌称为雄性或供体菌，而接受遗传信息的则是雌性或受体菌。性别是由一个双链、环状的质粒 F 因子（fertility factor，致育因子）决定的。细胞中含有 F 因子的为雄性（F^+）；不含 F 因子的为雌性（F^-）。F^+ 与 F^- 接合后，F因子的一条链能通过接合管移入 F^- 中，再通过复制，在两个菌株中各形成一个 F 因子。因此，F^+ 与 F^- 接合能使后者也成为 F^+。

F 因子能够通过交换而整合到寄主染色体上。染色体上整合有 F 因子的菌株与 F^- 接合，后代中重组菌出现的频率较之 F^+ 与 F^- 接合高上千倍，因此称这种菌株为高频重组（high frequency recombination，Hfr）菌株。Hfr 和 F^- 接合时，染色体由一端开始，向 F^- 线性转移。转移起点通常是 F 因子内的某一点。在自然状况下，由于各种环境因素的影响，接合过程会随时中断，因此，除非接合的时间足够长，Hfr 通常无法将 F 因子转移到 F^- 中，即 Hfr 与 F^- 接合一般不能使后者转变为 F^+。移入 F^- 中的染色体片段与 F^- 的环形染色体形成部分合子，通过偶数次的交换完成基因重组。由于染色体的转移具有一定的方向性，并且可以随时中断，因此，根据接合后 F^- 细菌（以重组子形式选出）中 Hfr 细菌染色体基因出现时间的先后顺序，即可得知基因转移的先后顺序。

不同的高频重组品系（Hfr）中 F 因子与寄主染色体的整合位置是不同的。Hfr 菌株与 F^- 菌株进行接合，染色体由 Hfr 向 F^- 转移。因为染色体的转移是单方向性的，染色体上的基因都是连锁的，所以靠近 Hfr 染色体转移起点的基因将有更多的机会出现在 F¯ 中，越是后端的基因出现的机会就越少。因此，根据细菌接合后 F¯ 细菌中 Hfr 上的基因出现的多少就可以测定基因间的相对位置。基因定位时首先要从 Hfr 与 F¯ 细菌的混合培养物中筛选出某一 Hfr 与 F¯ 细菌基因（选择性标记基因）已经发生了重组的细菌（重组子），然后在这些重组子中逐个测定其他的 Hfr 基因（非选择标记）出现的频率。Hfr 菌株染色体上的选择性标记应位于染色体前端，这样才能保证以 100% 的频率出现在重组子中。选择性标记之后的基因，则以低于 100% 的频率出现在重组子中。F¯ 细菌的选择性标记应起到排除 Hfr 菌生长的作用（即反选择）。本实验使用的 F¯ 菌株为 Str^r，Hfr 菌为 Str^s，借此可排除 Hfr 菌的生长。另外，为保证 Hfr 基因有机会出现在重组子中，反选择性标记应位于染色体后端。为了使 Hfr 菌株有较高的接合频率，F¯ 细菌应该过量，以保证每一个 Hfr 细菌都能与 F¯ 细菌接合。

【实验用品】

1. 实验材料

供体菌：大肠杆菌（*E.coli*）CSH60 Hfr（*str^s*）。

受体菌：大肠杆菌（*E.coli*）57B F¯ 缺陷型（*met¯ leu¯ trp¯ his¯ arg¯ lac¯ gal¯ ade¯ ilv¯ str^r*）。

2. 实验器具

无菌操作台、恒温培养箱、恒温振荡器、电子天平、高压灭菌锅、移液管、酸度计、微量移液器、无菌枪头（1mL，0.2mL）、无菌玻璃涂棒、无菌培养皿、无菌 150mL 三角瓶、50mL 三角瓶、无菌牙签、枪头盒、镊子、酒精灯、接种环、量筒等。

3. 试剂及培养基

0.9% 生理盐水、10×A 缓冲液、LB 液体培养基、基本固体培养基，其配制方法见附录 4。选择固体培养基 [A]～[G]：在基本固体培养基中按表 13-1 加入 10mg/ml 各种氨基酸各 4mL（其中 Ilv 的加法是异亮氨酸与缬氨酸各加 4mL）。

表 13-1　选择培养基配方表

培养基	选择性标记	非选择性标记	培养基中添加的成分						
			碳源	Str	Arg	Ilv	Ade	Trp	His
A	met leu	—	葡萄糖	+	+	+	+	+	+
B	met leu	arg	葡萄糖	+	—	+	+	+	+

续表

培养基	选择性标记	非选择性标记	培养基中添加的成分						
			碳源	Str	Arg	Ilv	Ade	Trp	His
C	met leu	ade	葡萄糖	＋	＋	＋	－	＋	＋
D	met leu	trp	葡萄糖	＋	＋	＋	＋	－	＋
E	met leu	his	葡萄糖	＋	＋	＋	＋	＋	－
F	met leu	lac	乳糖	＋	＋	＋	＋	＋	＋
G	met leu	gal	半乳糖	＋	＋	＋	＋	＋	＋

注：＋为添加，－为不添加。

【实验步骤】

1.菌种活化与培养

（1）分别接种一环供体菌和受体菌于 5mL LB 液体培养基中，在 37℃、200r/min 条件下振荡培养过夜（10～12h）。

（2）各取 1mL 过夜培养物，分别加入 2 瓶 5mL LB 培养液中，在 37℃、200r/min 继续振荡培养 2～3h。

2.细菌接合杂交

吸取 0.5mL 供体菌和 4.5mL 受体菌，加入一个无菌的 150mL 三角瓶中混合，置于 37℃、200r/min 下振荡培养 100min。

3.接合菌液稀释

将上述接合菌液用无菌生理盐水按 10 倍梯度稀释至 10^{-2}。

4.母平板制备

吸取 10^{-1} 和 10^{-2} 稀释液各 0.1mL，涂布在选择培养基［A］平板上，每一稀释度涂布 2 个平板。同时将供体菌和受体菌原液分别吸取 0.1mL，各涂布一个［A］平板作为对照。所有平板倒置于 37℃恒温培养箱中培养 24～48h。

5.方格式点种

（1）观察和计数选择培养基［A］平板上接合组和对照组的菌落生长状况。

（2）在与平皿相同大小的白纸上画 100 个小格，将纸片贴于选择培养基［B］～［G］平板的底部，然后用灭菌牙签从接合组选择培养基［A］平板上随机挑选 100 个菌落，对号点种在选择培养基［B］～［G］平板的 100 个小格中。

（3）将所有平板置于 37℃恒温培养箱中培养 24～48h。

6. 观察计数

统计在各种选择培养基平板上生长的菌落的数目。

【预期实验结果与分析】

1. 实验结果

将统计结果记录于表 13-2 中。根据统计结果，将大肠杆菌的几个连锁基因作出线性排列的位置顺序，并绘制出基因顺序图。

表 13-2　选择培养基上生长的菌落数目统计

序号	[B](arg)	[C](ade)	[D](trp)	[E](his)	[F](lac)	[G](gal)
1						
2						
3						
4						
...						
100						
总计						
平均数						
重组率①						

① 重组率(%)＝每组选择性培养基菌落数/点种菌落总数×100％。

2. 计算基因间的图距

因为图距与重组率的倒数有较好的线性相关关系，所以可用重组率的倒数作为图距。

3. 绘制大肠杆菌基因连锁图

图 13-1 是大肠杆菌基因连锁图，供计算时参考。

【要点及注意事项】

(1) 培养基配制中链霉素是不耐高温的，不能与其他成分一起进行高温灭菌，而应在倒平板前，用无菌水配制后直接加入。

(2) 培养基配制中色氨酸需要在 50～60℃ 的水浴中溶解，腺嘌呤不溶于水，需先用 1mol/L 的盐酸调匀后，再用一定量的水溶解。

(3) 杂交、涂 [A] 板等要求无菌操作，操作中要注意不同菌落不要相互接触。

(4) 注意 Hfr 与 F⁻ 细菌数的投放比例，其比例通常为 1：(10～20)。

(5) 点菌时要注意牙签不要插得太深，否则计数时会搞不清是牙签印还是菌落。

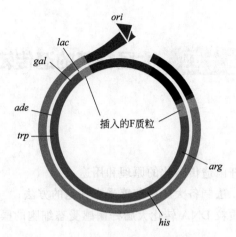

图 13-1 大肠杆菌的部分基因连锁图

（6）统计的时候最好是两人各统计一遍，有疑问的时候讨论解决。

（7）对于长了霉菌的，霉菌菌落的形态和大肠杆菌不同，仔细从不同角度观察可以判断霉菌菌落旁有没有盖着大肠杆菌菌落。

【作业及思考题】

（1）如何证明细菌重组是由杂交产生的，而不是由回复突变产生的？

（2）F^+ 菌株和 Hfr 菌株分别与 F^- 菌株杂交，产生重组频率不同的原因是什么？

（3）在杂交实验中，为什么杂交液中受体菌的浓度要远大于供体菌的浓度？

（4）简述大肠杆菌转移梯度的基因定位的原理，比较中断杂交与转移梯度两种重组作图方法。

（5）根据实验结果，计算不同基因的重组频率，绘制大肠杆菌染色体连锁图。

【参考文献】

[1] 牛炳韬，孙英莉. 遗传学实验教程［M］. 兰州：兰州大学出版社，2014.

[2] 杨大翔. 遗传学实验［M］. 第 3 版. 北京：科学出版社，2016.

[3] 李雅轩，赵昕. 遗传学综合实验［M］. 北京：科学出版社，2005.

[4] 闫桂琴，王华峰. 遗传学实验教程［M］. 北京：科学出版社，2010.

（吴秀兰　陈兆贵）

实验十四　大肠杆菌的遗传转化

【实验目的】

（1）了解大肠杆菌遗传转化的原理和用途；

（2）掌握 $CaCl_2$ 法制备大肠杆菌感受态细胞的方法；

（3）掌握利用质粒 DNA 转化大肠杆菌感受态细胞的操作方法。

【实验原理】

转化（transformation）是细菌细胞摄取周围游离的外源 DNA 片段，通过染色体同源区段的交换而实现基因重组，并引起受体菌发生某些遗传结构的改变。这一现象最早是 Griffith 于 1928 年在肺炎双球菌中发现的，1944 年 Avery 及其同事证明了引起这一转变的因子是 DNA。这一成就不仅肯定了 DNA 是遗传物质，也提供了一种将外源基因转入细菌细胞的方法。转化与限制性内切酶、逆转录酶等的发现，使基因工程成为可能。现代基因工程中，把体外重组的 DNA 导入细菌细胞的一种重要方法即是这种转化技术。

细菌细胞并不是任何状态下都能吸收外源 DNA。它只有处于一种易于接受外源 DNA 的状态——感受态时才具备这种能力。受体细菌经过某些特殊处理（如 $CaCl_2$、RbCl 等试剂，低温等）后，细胞膜的通透性发生变化，可以容许外源 DNA 分子通过。人们把细菌处于容易吸收外源 DNA 的状态叫感受态，这种能接受外源 DNA 分子并被转化的细菌细胞称为感受态细胞，而促进转化作用的酶或蛋白质分子称为感受态因子。处于感受态和非感受态的细菌细胞都可以吸附 DNA，但只有处于感受态的细菌所吸附的 DNA 才是稳定的，不易被洗脱掉。转化时供体 DNA 片段进入受体细胞后和受体染色体形成部分二倍体，因此有可能发生重组，从而使受体细胞发生稳定的遗传转化。

目前应用较广泛的转化方法主要有两种：$CaCl_2$ 转化法（化学转化法）和电转化法。$CaCl_2$ 转化法的原理是处于对数生长早中期的大肠杆菌细胞，置于低温（0℃）和低渗的 $CaCl_2$ 溶液中，菌体膨胀，转化混合物中的 DNA 形成抗 DNase 的羟基-钙磷酸复合物黏附于菌体表面，在 42℃条件下进行短时间的热激处理，促进 DNA 的吸收，从而实现遗传转化。对大多数质粒而言，转化频率是很低的，大约只有 1% 的受体细胞可吸附外源 DNA，转化效率低的可能原因是只在受体细胞特定区域形成数目有限的临时性通道，另外，还需酶、蛋白质分子以及能量等的协同作用。

由于转化频率很低，如何将已转化的和未转化的受体细胞区分开来就非常重要。最常用的解决方法是把某种抗生素的抗性基因整合到质粒上，再由质粒将抗性带给宿主菌。在含抗生素的培养基上就可将未转化的细菌淘汰。本实验使用 pBR322 转化大肠杆菌。pBR322 是应用最广泛的一种质粒，它是用一系列大肠杆菌质粒，通过 DNA 重组技术重新构建的质粒。在基因工程中常作为载体。其基因组携带氨苄青霉素（Amp^r）和四环素基因（Tet^r）两个便于选择的抗药性标记。受体菌为氨苄青霉素和四环素敏感的菌株。被 pBR322 转化了的菌株（转化子）具有对这两种抗生素的抗性，因此可以在含氨苄青霉素和四环素的完全培养基上将它们筛检出来。

【实验用品】

1. 实验材料

受体菌：大肠杆菌 DH5α（或 HB101、C600 等可作为 pBR322 受体的菌株）。

质粒 DNA：pBR322 质粒（10ng/μL。可以从生物试剂公司直接购买）。

2. 实验器具

超净工作台、高压蒸汽灭菌锅、恒温摇床、恒温水浴锅、分光光度计、低温冷冻离心机、制冰机、培养皿、Eppendorf 管、无菌离心管（10mL）、无菌吸水纸、三角瓶、烧杯、广口瓶、镊子、离心管盒、酒精灯、牙签等。

3. 试剂

（1）无菌去离子水。

（2）无菌的 0.1mol/L CaCl$_2$ 溶液（去离子水配制）。

（3）100mg/mL 氨苄青霉素（Amp）：溶于无菌水，0.22μm 滤膜过滤除菌，−20℃保存。

（4）LB 液体培养基、LB 固体培养基的配制方法见附录 4，调 pH 至 7.2，灭菌。

（5）含氨苄青霉素的 LB 固体培养基：LB 固体培养基灭菌后，在倒平板之前加入终浓度为 100μg/mL 的 Amp。

【实验步骤】

本实验整个过程约需 3 天的时间。第一天制备感受态细胞，第二天完成转化，第三天观察结果。其中，感受态细胞的制备可由一组学生（4 个或 5 个）共同完成，而转化实验则由每个学生独立完成。

1. 感受态细胞的制备

（1）在无菌条件下，从低温保存的受体菌（*E. coli* DH5α）平板上挑取一个单菌落接种于 5mL LB 液体培养基中，于 37℃、250r/min 振荡培养过夜。

（2）取 0.5mL 过夜培养物接种到 50mL LB 液体培养基中，于 37℃、250r/min 振荡培养 2.5～3h。当测定 $OD_{600}≈0.4$ 时停止培养，此时细菌处于对数生长早中期。

（3）将菌液分装至预冷的 10mL 无菌离心管中，冰水中静置 10min。

（4）冷却的菌液经 4℃、3000r/min 离心 10min。

（5）弃上清液后，离心管倒置于无菌吸水纸上 1min，吸尽残余培养液。

（6）加入 1mL 预冷的 0.1mol/L $CaCl_2$ 溶液，悬浮沉淀，制成菌悬液，冰浴 10min。

（7）再经 4℃、3000r/min 离心 10min。

（8）弃上清液，同样将离心管倒置于无菌纸上 1min，吸尽残余液。

（9）再加入 1mL 预冷的 $CaCl_2$ 溶液，重新制成菌悬液，即为感受态细胞。

（10）将菌悬液按每管 200μL 分装于无菌的 1.5mL Eppendorf 管中，用于转化的感受态细胞置于冰水中备用，剩余的菌液加入无菌甘油后置于−80℃超低温冰箱中保存。

2. 大肠杆菌的转化

（1）取三个干净无菌的 1.5mL Eppendorf 管预冷，按表 14-1 的设计做好 3 只管的标记，并加入各组分，轻轻混匀。

（2）将 3 个 Eppendorf 管置于冰水中，冰浴 30min。

（3）将样品管取出在 42℃水浴中静置 90s（热休克），然后迅速放回冰水中冰浴 1～2min。

（4）无菌条件下在每支 Eppendorf 管中加入 800μL LB 液体培养基，混匀后，在 37℃振荡培养 1～1.5h，让细菌中的质粒表达抗生素抗性蛋白。

（5）各取 100μL 培养物，分别均匀涂布在含 100μg/mL Amp 的 LB 固体培养基上；同时，各取 100μL 涂布在不含 Amp 的 LB 平板上作为对照。每个平板做好标记。

（6）室温下放置 10min，待菌液被琼脂吸收后，将平板倒置于 37℃培养过夜，时间不超过 20h。

（7）观察转化和对照平板中菌落的生长情况，并根据上述结果，计算转化率。

转化率＝每单位质粒 DNA 所转化的大肠杆菌数＝菌落数/质粒 DNA 用量

表 14-1 大肠杆菌转化加样表

项目	各管中的物质		
	感受态细胞悬液	质粒 DNA	0.1mol/L CaCl₂
转化管	200μL	2μL	—
受体菌对照管	200μL	—	—
质粒 DNA 对照管	—	2μL	200μL

【要点及注意事项】

（1）制备感受态细胞的过程要严格无菌操作，细胞要尽可能保持在低温状态下。

（2）涂布细胞时浓度不宜太高，以每个培养皿中出现的菌落数不超过 10 个为宜。

（3）经 $CaCl_2$ 处理的细胞，在低温条件下，一定时间内转化率会随时间的延长而增加，24h 达到最高，随后转化率下降，这是由总的活菌数随时间延长而减少造成的。

（4）本实验的感受态细胞也可直接从公司购买，但必须从干冰运送包装箱取出后直接放入 −80℃ 冰箱中保存。千万不能用液氮来保存感受态细胞。

【作业及思考题】

（1）统计本次实验的转化子数，计算转化率。

（2）试述影响细胞转化效果的因素主要有哪些？

（3）制备感受态细胞的过程中，为什么要求细胞尽量保持在低温下进行操作？

（4）如果实验中对照组平板长出一些菌落，如何解释这种现象？

【参考文献】

[1] 牛炳韬，孙英莉.遗传学实验教程［M］.兰州：兰州大学出版社，2014.

[2] 杨大翔.遗传学实验［M］.第 3 版.北京：科学出版社，2016.

[3] 李雅轩，赵昕.遗传学综合实验［M］.北京：科学出版社，2005.

[4] 闫桂琴，王华峰.遗传学实验教程［M］.北京：科学出版社，2010.

[5] 吴琼，张琳，张贵友.普通遗传学实验指导［M］.北京：清华大学出版社，2016.

（吴秀兰 陈兆贵）

【实验目的】

(1) 了解粗糙脉孢霉的生活周期及生长特性；

(2) 通过对粗糙脉孢霉杂交后代的表型分析，理解并掌握顺序四分子的遗传分析方法；

(3) 学会着丝粒作图方法，进一步理解基因的分离和连锁交换定律。

【实验原理】

1. 粗糙脉孢霉的特性及生活史

粗糙脉孢霉（*Neurospora crassa*，$2n = 14$），又称红色面包霉，属于真菌中的子囊菌纲、球壳目、脉孢菌属，目前已知有 4~5 种。粗糙脉孢霉是低等的真核生物，利用其开展遗传学分析有以下优点：①个体小，生长快，容易培养；②既可进行有性繁殖，又可进行无性繁殖，一次杂交可产生大量后代，便于获得正确的统计学结果；③染色体与高等生物一样，研究结果可广泛应用于遗传学上；④无性世代是单倍体，没有显隐性，基因型可以直接在表型上反映出来；⑤一次只需分析一个减数分裂的产物，就可以观测到遗传结果，简单易行。因此，粗糙脉孢霉是进行基因分离和连锁交换遗传分析的好材料。

粗糙脉孢霉的生殖方式有无性世代和有性世代（图 15-1）。在无性世代（单倍体世代）中，粗糙脉孢霉的菌丝体是单倍体（$n = 7$），每一菌丝细胞中含有几十个细胞核，由菌丝顶端断裂形成分生孢子。分生孢子有两种，小型分生孢子中只含有一个核，大型分生孢子有几个核。分生孢子萌发成菌丝，可以再生成分生孢子，周而复始，这样形成粗糙脉孢霉的无性生殖过程。在有性世代（二倍体世代）中，粗糙脉孢霉的菌株有两种不同的接合型（mating type），用 mt^+、mt^- 表示，它们受一对等位基因控制。不同接合型菌株的细胞接合产生有性孢子，这个过程称为有性生殖。

2. 顺序四分子分析

粗糙脉孢霉减数分裂过程中子囊的外形比较狭窄，以致分裂的纺锤体不

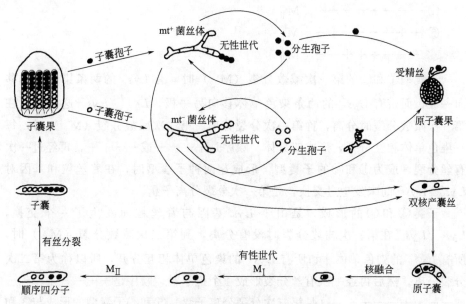

图 15-1　粗糙脉孢霉的生活史示意图

能重叠，只能纵立于它的长轴中，这样所有分裂后的 8 个子囊孢子都排列成行，因此，脉孢霉减数分裂所产生的四分子是顺序四分子。在一个成熟的子囊中，每个子囊孢子都是单倍体，其基因型是"所见即所得"型的，不论其所含的基因是显性还是隐性，通过观察子囊孢子的颜色等性状，或用每个孢子单独培养的方法，可以直接地观察到不同性状的分离；减数分裂形成的 8 个孢子保留了交换与分离的顺序，因而只要通过观察子囊孢子的排列顺序，就可以推测在减数分裂中究竟哪两条姐妹染色体参与了交换过程；第二次分裂分离可以看成是一个基因与着丝粒间的交换产生的，通过统计第一次分裂分离与第二次分裂分离的子囊，即可得到一个基因的着丝粒距离，进行着丝粒作图。

　　本实验选用的突变体为赖氨酸缺陷型（记作 Lys^-）菌株，这种突变体的子囊孢子成熟的时间较野生型（记作 Lys^+）晚。将此突变体与野生型菌株杂交，在后代子囊中，不同孢子的发育进度不同。当野生型孢子成熟变黑时，突变体的孢子仍为浅灰色，据此可将两种不同类型的子囊孢子区分出来。根据孢子在子囊中的排列顺序，可有 6 种子囊类型。

　　① ＋＋＋＋－－－－　　M_I

　　② －－－－＋＋＋＋　　M_I

　　③ ＋＋－－＋＋－－　　M_{II}

④ －－＋＋－－＋＋ M_Ⅱ
⑤ ＋＋－－－－＋＋ M_Ⅱ
⑥ －－＋＋＋＋－－ M_Ⅱ

子囊型①和②的第一次减数分裂（M$_\mathrm{I}$）时，有 Lys$^+$ 的两条染色单体移向一极，而带有 Lys$^-$ 的两条染色单体移向另一极，Lys$^+$/Lys$^-$ 这对基因在第一次减数分裂时分离，称第一次分裂分离。第二次减数分裂（M$_\mathrm{II}$）时，每一染色单体相互分开，形成四分体，顺序是＋＋－－或－－＋＋，再经过一次有丝分裂，成为①和②的子囊型，形成这两种子囊型时，在着丝粒和基因对 Lys$^+$/Lys$^-$ 间未发生过交换，是第一次分裂分离子囊。

子囊③和④的形成，是由于 Lys 基因与着丝粒间发生了一个交换，Lys$^+$/Lys$^-$ 在第一次减数分裂时没有分离，到第二次减数分裂（M$_\mathrm{II}$）时，所有 Lys$^+$ 的染色单体才和所有 Lys$^-$ 的染色单体相互分开，所以称为第二次分裂分离。然后再经一次有丝分裂形成 4 个孢子对，顺序是＋＋－－＋＋－－或－－＋＋－－＋＋，这是第二次分裂分离子囊。⑤和⑥子囊型的形成与③和④类似，也是两个染色体发生了交换，不过交换不是发生在第二条染色单体和第三条染色单体之间，而是发生在 1、3 或 2、4 两条染色单体之间。从以上的分析可知，第二次分裂分离子囊的出现，是由于有关的基因和着丝粒之间发生了一次交换的结果，第二次分裂分离子囊愈多，则有关基因和着丝粒之间的距离愈远，所以由第二次分裂分离子囊的频度可以计算某一基因和着丝粒之间的距离，称为着丝粒距离（RF），其计算公式如下：

$$\mathrm{RF}_{(着丝粒-基因)} = \frac{(1/2)\mathrm{M_{II}}}{\mathrm{M_I} + \mathrm{M_{II}}} \times 100\%$$

【实验用品】

1. 实验材料

粗糙脉孢霉（*Neurospora crassa*）野生型菌株（Lys$^+$，mt$^+$）。

粗糙脉孢霉赖氨酸缺陷型菌株（Lys$^-$，mt$^-$）。

2. 实验器具

超净工作台、恒温培养箱、高压灭菌锅、电子天平、显微镜、酒精灯、镊子、解剖针、接种环、载玻片、具塞试管、培养皿、滤纸、烧杯、量筒等。

3. 试剂

（1）5％次氯酸钠（NaClO）溶液。

（2）5％的石炭酸（苯酚）溶液。

（3）微量元素溶液：配方见附录5。

（4）基本培养基：配制方法和灭菌条件见附录5。

（5）马铃薯培养基：配制方法和灭菌条件见附录5。

（6）补充培养基（培养赖氨酸缺陷型）：在1000mL马铃薯培养基或基本培养基中补加0.1g赖氨酸。

（7）玉米杂交培养基：配制方法和灭菌条件见附录5。

（8）杂交培养基：配制方法和灭菌条件见附录5。

【实验步骤】

本实验完成约需3～4周，在整个实验过程中都要注意无菌操作。实验步骤如下。

1. 菌种活化

实验材料通常是野生型菌株接种于基本培养基上，而将赖氨酸缺陷型菌株接种于补充培养基上，放在4～5℃冰箱中保存。故在进行杂交实验前，先要将保存的菌种进行活化。其方法如下：将粗糙脉孢霉野生型和赖氨酸缺陷型菌种从冰箱中取出，在超净工作台上点燃酒精灯，将接种环烧红，待稍冷却后，挑取一小块含菌丝的培养基，分别接种到两支马铃薯培养基（或基本培养基）斜面上，28℃恒温箱培养7天左右，直至菌丝上部有分生孢子产生。

2. 杂交

接种亲本菌株，可采用下述两种杂交方法。

（1）同时在玉米杂交培养基滤纸条上接种两亲本菌株的分生孢子或菌丝，25℃恒温箱进行混合培养。注意要贴上标签，写明亲本菌株及杂交日期。在杂交后5～7天就能看到许多棕色的原子囊果出现，以后原子囊果变大变黑成子囊果，培养7～14天左右，就可在显微镜下观察。

（2）在杂交培养基上接种一个亲本菌株，25℃培养5～7天后即有原子囊果出现。同时准备好另一亲本菌株的分生孢子，悬浊于无菌水中（近于白色的悬浊液）将此悬浊液加到形成原子囊果的培养物表面，使表面基本湿润即可（每支试管约加0.5mL），继续在25℃培养。原子囊果在加进分生孢子1天后即可开始增大变黑成子囊果，7天后即成熟。

3. 压片观察

用镊子将杂交培养基上长有子囊果的滤纸条取出，放入5％次氯酸钠溶液中。取一载玻片，滴 1～2 滴 5% 次氯酸钠溶液，然后用接种针挑出子囊果放在载玻片上，取另一载玻片重叠盖上，用手指压片，将子囊果压破，置显微镜（低倍镜）下检查，即可见 30～40 个子囊（图 15-2）。如发现 30～40 个子囊像一串香蕉一样，可加一滴水，用解剖针把子囊拨开，但要注意不能使分生孢子散出。

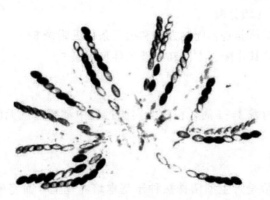

图 15-2　粗糙脉孢霉杂交所得的子囊孢子

图中显示第一次和第二次分裂的结果，其中未成熟的子囊，8 个孢子都呈灰色

在显微镜下观察子囊中子囊孢子的排列情况并做记录。观察过的载玻片、用过的镊子和解剖针等物都需放入 5% 的石炭酸中浸泡后取出洗净，以防止污染实验室。

【预期实验结果与分析】

1. 基因的着丝粒距离计算

一个成熟的子囊中含有 8 个子囊孢子，这是两次减数分裂及有丝分裂的产物。通常情况下能产生 6 种子囊类型（图 15-2），不同子囊的形成，取决于等位基因 Lys^-/Lys^+ 和着丝粒间是否发生交换及如何交换。如果基因与着丝粒间不存在交换，将出现 M_I 的两种类型；如果等位基因和着丝粒之间发生了交换，将会出现 M_{II} 的 4 种交换类型。

观察一定数目的子囊果，记录每个完整子囊的类型，并按不同类型的子囊统计并填入表 15-1 中，并按下面公式计算出 Lys 基因与着丝粒的距离。

$$着丝粒距离 = \frac{交换型子囊数}{非交换型子囊数 + 交换型子囊数} \times \frac{1}{2} \times 100 \ 图距单位$$

根据这个公式以及实验所观察到的结果，计算 Lys 的着丝粒距离。再将全班的结果累加起来再算一次。本实验用的是 Lys^{-5} 突变体，Lys^{-5} 位于第六连锁群，着丝粒距离约为 14.8 图距单位，可供实验结果计算时参考。

表 15-1　粗糙脉孢霉杂交结果统计表

子囊类型	子囊孢子排列方式	观察数	合计数
第一次分裂分离 （非交换型，M_I）	＋＋＋＋－－－－		
	－－－－＋＋＋＋		
第二次分裂分离 （交换型，M_{II}）	＋＋－－＋＋－－		
	－－＋＋－－＋＋		
	＋＋－－－－＋＋		
	－－＋＋＋＋－－		

2. 异常的分离比与基因转换

在粗糙脉孢霉杂交实验中，有时还会观察到分离异常的子囊类型。最常见的分离有 3∶1∶1∶3、5∶3、6∶2（或 2∶6）等。在丝状真菌中，这种异常子囊出现的比率大约为 0.1％～1％，这么高的异常分离比，不可能是由基因突变产生的。这些分离比异常的子囊中只有两种表型的子囊，没有出现其他表型的孢子。因此可以推断，分离比的偏离是同一子囊中一种表型的孢子转变成另一种表型的孢子，即一种基因转换成参与交换的另一种基因造成的。我们将这种现象称为基因转换。关于基因转换的机制，可参考有关理论教材。

【要点及注意事项】

（1）本实验操作须严格消毒，防止污染环境。具体要求：①实验用过的接种针要过火灭菌；②观察过的载玻片、用过的镊子和解剖针等物都需放入 5％的石炭酸中浸泡后取出洗净，以杀死子囊孢子，防止污染实验室；③不要的菌株和菌液须煮沸 5min 方可倒去。

（2）杂交后培养温度要控制在 25～28℃，30℃以上的温度会抑制原子囊果的形成。

（3）赖氨酸缺陷型的子囊孢子成熟较迟，当野生型的子囊孢子已成熟变黑时，缺陷型的子囊孢子还呈灰色。要选择合适的观察时间，过早子囊孢子全为灰色，过迟却都为黑色，分不清子囊类型。所以在子囊壳开始变黑时，每天压片观察，到合适时期置于 4℃保存，在 3～4 周内进行观察统计。

（4）压片时因为子囊果比较硬，用盖玻片压时宜破碎，所以采用载玻片压片，也可在显微镜下用镊子把子囊果轻轻夹破，挤出子囊。此过程无需无菌操作，但要注意不能使分生孢子随意迸裂，以致不能分辨子囊类型。

【作业及思考题】

（1）本实验为什么要使用 5％的次氯酸钠和 5％的石炭酸处理相关材料？

（2）完成表 15-1，计算出 *Lys* 基因与着丝粒的距离。

（3）绘图表示交换型子囊的形成过程。

（4）粗糙脉孢霉子囊孢子的分离和交换现象，与高等动植物的性状分离和基因交换有哪些异同？

（5）请查阅相关资料，利用遗传学知识解释孢子的异常分离现象。

【参考文献】

[1]　牛炳韬，孙英莉. 遗传学实验教程［M］. 兰州：兰州大学出版社，2014.

[2]　杨大翔. 遗传学实验［M］. 第 3 版. 北京：科学出版社，2016.

[3]　李雅轩，赵昕. 遗传学综合实验［M］. 北京：科学出版社，2005.

[4]　闫桂琴，王华峰. 遗传学实验教程［M］. 北京：科学出版社，2010.

[5]　刘祖洞，江绍慧. 遗传学实验［M］. 第 2 版. 北京：高等教育出版社，2004.

（陈兆贵　吴秀兰）

第四部分

数 量 与 群 体 遗 传 学 实 验

实验十六　人类ABO血型鉴定及群体遗传分析

【实验目的】

（1）学习 ABO 血型的鉴定方法，了解血型鉴定原理；

（2）掌握遗传群体的等位基因频率和基因型频率的估算方法；

（3）掌握应用 Hardy-Weinberg 平衡定律进行数据统计与分析的方法。

【实验原理】

1908 年，英国数学家 G. Hardy 和德国医生 W. Weinberg 各自独立地发现，在一个无限大的随机交配群体中，在不发生突变、选择、迁移和遗传漂变的情况下，群体内一个位点上的等位基因频率和基因型频率在其世代繁衍中将保持不变，处于遗传平衡状态。这就是著名的遗传平衡定律，也称为 Hardy-Weinberg 平衡定律，是群体有性生殖世代之间等位基因频率和基因型频率是否保持平衡的检验尺度。

1901 年，奥地利人 Karl 博士首次发现了人类红细胞血型，开始他只发现了 A、B、O 三型；1902 年，其他学者发现了 AB 型，从而构成了人类 ABO 血型系统，Landsteiner 因该发现于 1930 年获得了诺贝尔生理学或医学奖。血型主要是指红细胞抗原的差异，目前已发现的红细胞抗原有 400 多种，最为常见的是 ABO 血型系统。该血型系统不仅在临床医学上具有非常重要的意义，而且在人类群体遗传学、免疫遗传学、法医学、考古学等重要领域都有广泛的应用。

　　ABO 血型系统是根据人类红细胞表面所含抗原的不同而命名的，是人类的一种遗传性状，决定该性状的基因位于人类第 9 号染色体上。ABO 血型系统受一组复等位基因（I^A、I^B、i）决定，其中 I^A、I^B 对 i 为显性，I^A 与 I^B 为共显性。人类的红细胞表面有 A 和 B 两种抗原，血清中含抗 A（α）和抗 B（β）两种天然抗体，根据红细胞所含抗原的不同，可将人类的血型分为 A、B、O、AB 四种（见表 16-1），每个人血清中都不含与自身抗原相拮抗的抗体。在鉴定人的血型时，既要用标准的抗 A（α）和抗 B（β）血清鉴定被检者红细胞上的抗原（直接试验法），同时要用标准的 A 型和 B 型红细胞鉴定被检者血清中的抗体（反转试验法）。只有被检者红细胞上的抗原鉴定和血清中的抗体鉴定所得结果完全相符时，才能确定其血型类别。实验室一般采用直接试验法。对于不知血型者或志愿者，可以采用玻片法进行血型检测，然后通过统计、分析，就可估算出 ABO 血型的等位基因频率和基因型频率。

表 16-1　ABO 血型系统遗传特征

血型	基因型	红细胞膜上的抗原	血清中的抗体
A	$I^A I^A, I^A i$	A	抗 B(β)
B	$I^B I^B, I^B i$	B	抗 A(α)
O	ii	无	抗 A(α)或抗 B(β)
AB	$I^A I^B$	A、B	无

　　群体遗传学已证实，在随机交配的理想群体中，人类 ABO 血型遗传符合 Hardy-Weinberg 平衡定律。平衡群体的上下代之间等位基因频率和基因型频率保持不变，ABO 血型的基因型、表型及其频率之间的关系式如下：

　　等位基因频率：$I^A = p$，$I^B = q$，$i = r$

　　基因型频率：$I^A I^A = p^2$，$I^A i = 2pr$，$I^B I^B = q^2$，$I^B i = 2qr$，$I^A I^B = 2pq$，$ii = r^2$

　　表型频率：A 的表型频率（A）$= p^2 + 2pr$；B 的表型频率（B）$= q^2 + 2qr$

　　　　　　　AB 的表型频率（AB）$= 2pq$；O 的表型频率（O）$= r^2$

　　因（$p + q + r$）$= 1$，则有 $r = \sqrt{O}$；$p = 1 - \sqrt{(B + O)}$；$q = 1 - \sqrt{(A + O)}$

【实验用品】

1. 实验材料

某一区域人群或本校各院（班）学生的微量血液。

2. 实验器具

显微镜、无菌采血针、双凹载玻片（或普通载玻片）、镊子、牙签、微量加样枪、无菌枪头、1.5mL Eppendorf 管、离心管盒、脱脂棉球、无菌棉签、记号笔等。

3. 试剂

标准的抗 A（α）和抗 B（β）血清、70%酒精、0.9%生理盐水。

【实验步骤】

1. 准备生理盐水

在 1.5mL Eppendorf 管中加入 300～500μL 生理盐水，备用。

2. 准备标准血清

取一洁净的双凹载玻片（或普通载玻片），在两端上角用记号笔标注 A 和 B，然后在相应位置分别滴加标准的抗 A（α）和抗 B（β）型血清各一滴。

3. 采血

用 70%酒精棉球消毒受检者的手指或耳垂，待酒精挥发后立即用无菌采血针刺破皮肤，弃去第一滴血，然后用无菌枪头吸取 15～25μL 血液加入 1.5mL Eppendorf 管中，轻弹管壁制成 5%的血细胞悬液，同时受检者用无菌棉签止血。

4. 凝集实验

在玻片的两种标准血清中分别滴加 1 滴血细胞悬液（注意滴头不要触及标准血清），立即用不同的牙签分别搅拌使血细胞悬液和血清充分混匀。

5. 检测

在室温下每隔数分钟轻轻晃动玻片几次以加速凝集，过 5～10min 后观察，若混匀的血清由浑浊变为透明，并出现大小不等的红色颗粒，则表明红细胞已凝集；若仍呈浑浊状，不出现颗粒则无凝集。有时会出现疑似凝集，但稍微晃动玻片又呈浑浊状，则不属于凝集。若观察不清可在低倍镜下观察。根据凝集现象的有无判断血型，并统计全部（调查群体）的血型实验结果。

【实验结果与分析】

将所有调查群体（全班学生）的血型做统计分析，根据实验原理中介绍的

公式计算出 I^A、I^B、i 的基因频率 p、q、r，然后计算群体中 A、B、AB、O 血型的理论预期值，并将结果填入表 16-2 中，并进行 χ^2 检验，以鉴定该群体是否为平衡群体。

χ^2 检验公式为 $\chi^2 = \sum(O-E)^2/E$，根据 χ^2 值和自由度（$df = n-1$），查表（见附录 8）。若所计算的 $\chi^2 < \chi^2_{(0.05)}$（查表），表明实验观察数与预期数之间无显著性差异，说明实验观察数符合理论假设，该群体为平衡群体；若所得的 $\chi^2 > \chi^2_{(0.05)}$（查表），说明实验观察数与预期数差异显著，不符合理论假设，表明该群体是不平衡群体。

表 16-2　调查群体血型的 χ^2 检验

参数	血　型				合计
	A	B	AB	O	
实际观察值（O）					
理论预期值（E）	p^2+2pr	q^2+2qr	$2pq$	r^2	
$(O-E)^2/E$					

【要点及注意事项】

（1）对血型的检测必须遵循自愿原则，预防引发各类矛盾。

（2）本实验所用器材必须干燥清洁，防止溶血；为避免交叉污染，所用的采血针、棉签等要求医用、无菌、一次性。

（3）购买的标准血清必须注意有效期，制备的血细胞悬液不宜过浓或过稀。

（4）虽然上述实验血型检测原理是科学合理的，但本次实验结果只能用于本实验，不能给受检者的血型下定论。对检测结果有疑问者，应到权威机构进行血型鉴定。

【作业及思考题】

（1）根据自己的血型，说明你能接受何种血型人的血液或输血给何种血型的人，为什么？

（2）假定人群处于遗传平衡状态，把你对 ABO 血型的调查结果填入表格（表 16-2），算出等位基因频率和基因型频率，用统计学方法确定该群体是否为平衡群体。如果不是平衡群体，请分析可能的原因。

（3）为什么不同民族或不同地域的人群，ABO 血型的频率会有所不同？

【参考文献】

[1]　牛炳韬，孙英莉.遗传学实验教程［M］.兰州：兰州大学出版社，2014.

[2]　赵凤娟，姚志刚.遗传学实验［M］.第 2 版.北京：化学工业出版社，2016.

[3]　仇雪梅，王有武.遗传学实验［M］.武汉：华中科技大学出版社，2015.

[4]　卢龙斗，常重杰.遗传实验技术［M］.北京：科学出版社，2007.

（唐文武　陈刚）

实验十七 PTC味盲基因的群体遗传分析

【实验目的】

(1) 通过 PTC 尝味能力的测试，认识人体对 PTC 敏感性的遗传特征；

(2) 通过对味盲基因频率的分析，了解群体基因频率测算的一般方法；

(3) 掌握 Hardy-Weinberg 平衡定律，了解改变遗传平衡的因素。

【实验原理】

苯硫脲 (phenylthiourea) 又称苯基硫代碳酰二胺 (phenylthiocarbamide, PTC)，是一种由尿素人工合成的白色晶状化合物，因分子结构中的苯环上带有硫代酰胺基 (N—C=S) 而有苦味。1931 年，Fox 首先发现某些人对 PTC 有苦味感 (尝味者、敏感者)，而有些人则无苦味感 (味盲者)，从而首次将人类对 PTC 尝味分为两类。1932 年，Blakeslee 对 PTC 苦味敏感的家系进行了调查，证实人类对 PTC 的尝味能力是一种遗传性状。随后的家系和双生子研究表明人类对 PTC 尝味浓度阈值方面的差异属于单基因遗传，该基因 (T-t) 位于第 7 号染色体上，味盲者为隐性纯合体 (tt)，而尝味者是显性基因的纯合体 (TT) 或杂合体 (Tt)，遗传方式为不完全显性遗传。正常品味者的基因型是 TT，能尝出 $1/750000 \sim 1/6000000 \text{mol/L}$ 的 PTC 溶液的苦味；具有 Tt 基因型的人尝味能力较低，只能尝出 $1/48000 \sim 1/380000 \text{mol/L}$ 的 PTC 溶液的苦味；而 tt 基因型的人尝味能力最低，只能尝出 $1/24000 \text{mol/L}$ 以上浓度的 PTC 溶液的苦味，个别人甚至对 PTC 结晶的苦味也品尝不出来，在遗传学上被称为 PTC 味盲。

世界不同民族和地区的 PTC 味盲率与隐性基因频率有很大差异，最高值在印度达 52.8%，澳大利亚土著也高达 49.3%。欧洲的英国、德国、挪威、瑞士和芬兰等国人群的味盲率约 30%，中国人群 PTC 味盲率在 7.27% ~ 10.13%。黑人在 3% ~ 4%，印第安人的味盲率最低，仅有 1.2%。PTC 尝味的敏感性与某些疾病存在一定的相关性，如甲状腺瘤、糖尿病、青光眼、呆小病、慢性消化溃疡、抑郁症，乃至某些癌症等。

检测 PTC 味盲有纸片法、结晶法、阈值法等方法。一般实验通常采用 1949 年 Harris 和 Kalmus 改进的阈值法。本实验按此方法配置不同浓度的 PTC 溶液，根据舌的苦味感知分布于舌根的特点，按照低浓度到高浓度逐步测试调查人群的尝味能力，由此区分出味盲（tt）、高度敏感（TT）以及介于两者之间的个体（Tt），据此可对人群进行 PTC 味盲基因频率的测定与分析，为群体遗传学的研究提供基本数据。

【实验用品】

1. 实验材料

本校各院系学生或某一区域人群。

2. 实验器具

天平、烧瓶、容量瓶、量筒、蒸馏水、试剂瓶、滴管、眼罩（或黑色布条）等。

3. 试剂

PTC 溶液及其不同浓度的稀释液的配制方法如下：称取 PTC 结晶 1.3g，加 1000mL 蒸馏水，室温 1～2 天即可完全溶解，期间应不断摇晃以加快溶解。由此配制的溶液浓度为 1/750mol/L，称为原液，也就是 1 号液。倒出 500mL 的 1 号液至 1000mL 的容量瓶中，再加入蒸馏水定容至 1000mL，充分混匀得到浓度为 1/1500mol/L 的 2 号液。按此方法依次用容量瓶稀释一倍，共配制 14 种浓度的 PTC 溶液（见表 17-1），分别装入消毒好的试剂瓶中。

表 17-1　14 种 PTC 溶液的配制方法、浓度与对应基因型

编号	配制方法	浓度/(mol/L)	基因型
1	1.3g PTC＋蒸馏水 1000mL	1/750	tt
2	1 号液 500mL＋蒸馏水 500mL	1/1500	tt
3	2 号液 500mL＋蒸馏水 500mL	1/3000	tt
4	3 号液 500mL＋蒸馏水 500mL	1/6000	tt
5	4 号液 500mL＋蒸馏水 500mL	1/12000	tt
6	5 号液 500mL＋蒸馏水 500mL	1/24000	tt
7	6 号液 500mL＋蒸馏水 500mL	1/48000	Tt
8	7 号液 500mL＋蒸馏水 500mL	1/96000	Tt
9	8 号液 500mL＋蒸馏水 500mL	1/192000	Tt
10	9 号液 500mL＋蒸馏水 500mL	1/380000	Tt
11	10 号液 500mL＋蒸馏水 500mL	1/750000	TT
12	11 号液 500mL＋蒸馏水 500mL	1/1500000	TT
13	12 号液 500mL＋蒸馏水 500mL	1/3000000	TT
14	13 号液 500mL＋蒸馏水 500mL	1/6000000	TT
15	蒸馏水		

【实验步骤】

1. 配制不同浓度的 PTC 溶液

按照前文的 PTC 溶液配制方法，配制 1～14 号 PTC 溶液，并以蒸馏水（15 号）为对照。

2. 测试受试者的基因型

（1）受试者坐在椅子上，戴上眼罩（或黑色布条），仰头张口伸舌。用滴管滴 4～6 滴 PTC14 号溶液到受试者的舌根部，让受试者徐徐咽下品味。然后用 15 号蒸馏水做同样的实验。

（2）询问受试者能否鉴别两种溶液的味道，如果不能鉴别或鉴别不准（如认为 PTC 溶液的味道是酸、咸、辣或其他说不出的药味等等），则用 13 号、12 号液重复，依次进行直到明确鉴别出 PTC 的苦味为止。

（3）当受试者鉴别出某一号溶液时，应重复 3 次尝味此号溶液，3 次结果相同，才是可靠的，记录首次尝到 PTC 苦味的浓度等级号。如果受试者直到 1 号液还没有尝出苦味，则其尝味浓度等级定为 1 号以下。

（4）测试时，测试者应将 PTC 溶液与蒸馏水反复交替给受试者尝试，并采用一些技巧迷惑受试者，以免因受试者的猜想和心理作用而影响实验结果的准确性。给受试者滴药时切记悬空加样，不要碰到受试者。

3. 结果分析

根据调查群体（班级）的测定结果，将实验结果填入表 17-2 中，求出基因 T、t 的频率，并应用 χ^2 检验确定该群体（班级）是否为平衡群体。其中基因频率的计算方法，通过获得的不同基因型的个体数目求得。

表 17-2 调查群体的 χ^2 检验

参数	基因型			总数（N）
	TT	Tt	tt	
实际观察值（O）				
理论预期值	p^2	$2pq$	q^2	
预期值（E）	Np^2	$2Npq$	Nq^2	N
$(O-E)^2/E$				

χ^2 检验公式为 $\chi^2 = \sum (O-E)^2/E$，根据 χ^2 值和自由度（$df = n-1$），查表（见附录8）。若所计算的 $\chi^2 < \chi^2_{(0.05)}$（查表），说明实验观察数符合理论假设，认为该群体为平衡群体；若所得的 $\chi^2 > \chi^2_{(0.05)}$（查表），说明不符合理论假设，表明该群体是不平衡群体。

【要点及注意事项】

（1）测试时一定要从低浓度到高浓度依次进行。

（2）在测试时，用蒸馏水和 PTC 溶液交替测试，以避免受试者的臆想和猜测；每次测试味觉后须用饮用水漱口。

（3）配制 PTC 溶液过程中所用的器具应高温灭菌，给受试者滴药时切记悬空加样，不要碰到受试者。避免交叉感染。

【作业及思考题】

（1）应用 χ^2 检验确定该群体是否为平衡群体？如果不是，可能的原因有哪些？为了降低因实验样本含量少所引起的误差，可综合多个实验班的结果进行分析。

（2）在所测群体中，男女在尝味能力上是否有区别？

（3）年龄对尝味阈值是否会有影响？对成年人而言，哪些因素可能对其尝味能力产生影响？

【参考文献】

[1]　徐秀芳，张丽敏，丁海燕.遗传学实验指导 ［M］.武汉：华中科技大学出版社，2013.

[2]　赵凤娟，姚志刚.遗传学实验 ［M］.第 2 版.北京：化学工业出版社，2016.

[3]　仇雪梅，王有武.遗传学实验 ［M］.武汉：华中科技大学出版社，2015.

[4]　卢龙斗，常重杰.遗传学实验技术 ［M］.北京：科学出版社，2007.

（唐文武　吴秀兰）

实验十八 农作物遗传力的估算

【实验目的】

（1）学习玉米等作物室内育种技术；

（2）了解数量遗传学重要参数遗传力的意义，掌握其估算方法；

（3）学习数量性状遗传分析的基本方法，并对玉米相关性状进行统计分析，学习估算遗传力的方法。

【实验原理】

在动植物遗传分析和育种实践当中，根据自然群体或杂交后代群体内遗传变异的规律，将生物的性状分为质量性状和数量性状两类。其中质量性状不易受环境条件的影响，在一个群体内表现为不连续变异的特征，如孟德尔研究的豌豆花色（红与白）、子叶颜色（黄与绿），果蝇复眼颜色（红与白）等性状均为质量性状。但有些性状如人的身高、体重，农作物的株高、穗长等性状，其性状表现要用某种尺度来测量，常用数字来表示，称为数量性状。数量性状的表型效应呈连续分布，其遗传学分析需要用数理统计学与遗传学相结合的方法进行研究。由于动植物以及人类的很多性状，如农作物产量、品质性状，畜禽的产蛋、产肉、产奶量，人类某些遗传病（如高血压、冠心病等）、智力及某些行为等，都属于数量性状。因此，数量性状的遗传分析在动植物的遗传育种实践中具有重要意义。

生物变异是普遍存在的，对于动植物数量性状来说，由于其变异既受基因型也受环境因素的影响，其表型方差（V_P）＝基因型方差（V_G）＋环境方差（V_E）。因此，在数量遗传研究中，若能知道基因型方差占多大的比例，则在遗传和育种工作中有一定的意义。如果基因型方差所占的比例较大，那么根据表型选出的优良个体的基因型就有较大可能传给后代，从而便于选育出具有优良性状的品种；反之，若环境方差占的比例过大，则不利于选育新品种。这种某数量性状由亲代传递给后代的相对能力，一般称之为遗传力（heritability），以 $h^2\%$ 表示。更确切地说，把整个基因型方差（V_G）占表型总方差（V_P）的百分率称为广义遗传力，即：

$$广义遗传力(h_B^2) = \frac{V_G}{V_P} \times 100\% = \frac{V_G}{V_G + V_E} \times 100\%$$

基因型方差又可进一步分解为加性方差（V_A）、显性方差（V_D）和基因互作的上位性方差（V_I）三个组成部分。其中只有加性方差是可以固定的遗传部分。而显性方差和上位性方差均不能固定，将随世代递增而逐渐消失。因此，更确切地估计遗传力应以加性方差占表型方差的比例来表示，这就是狭义遗传力，即：

$$狭义遗传力(h_N^2) = \frac{V_A}{V_P} \times 100\% = \frac{V_A}{V_A + V_D + V_I + V_E} \times 100\%$$

根据遗传力的估算，可以了解一些数量性状的遗传变异和环境变异的情况，从而认识和比较数量性状传递给后代能力的强弱，帮助育种科学家决定采取怎样的选择及育种策略，预测某种选择方法或选择强度的选择效应，从而选择最有效的育种策略去实现育种目标。

【实验用品】

1. 实验材料

田间种植的玉米自交系（P_1、P_2）、杂交种（F_1、F_2）和回交一代（BC_1、BC_2）的植株。

2. 实验器具

钢卷尺、米尺、天平、铅笔、计算器等。

【实验步骤】

1. 田间设计及播种

当年种植玉米自交系亲本 P_1、P_2，杂交种 F_1、F_2，以及回交一代种 BC_1、BC_2。其中不分离世代（P_1、P_2、F_1）各播种 1 个小区，两个回交一代（BC_1、BC_2）和 F_2 代各播种 5 个小区。

2. 抽样考种调查

随机选取各品系种植单株，对其株高、果穗长、果穗粗、穗粒数、百粒重等农艺性状进行考种调查。其主要性状的考种标准如下。

株高：以玉米主茎为准，自根茎交界处至主穗顶部的长度。以"cm"表示。

果穗长：在准备考种的样本中，选取 10 个果穗，分别量其长度（包括秃顶），求出平均数即为穗长。以"cm"表示。

果穗粗：从样本中取果穗 20 个，在桌子上并列排成一行，将每个穗的中部对准，再用尺子从穗中部量直径，求其平均数即为穗粗。以"cm"表示。

穗粒数：统计每个果穗所含的玉米粒数。

百粒重：从样本中随机取种子200粒分为两份。分别称重。如两个结果比较靠近，则求其平均数并折算成百粒重，结果以"g"表示，如相差较大则重测。

3. 考种数据统计整理

按照考种登记表（表18-1）所列的项目，将株高、穗长、穗粗、穗粒数、百粒重等考种结果记入到相应的栏目中。并按照下列计算方法计算各世代的平均数（$\overline{X}$）、方差（V）、标准差（S），并将各参数按照性状分别计入表18-2中。

$$\overline{X} = \frac{X_1 + X_2 + \cdots + X_n}{N} = \frac{\sum(X)}{N}$$

$$S = \sqrt{\frac{\sum(X-\overline{X})^2}{N}} \text{ 或 } S = \sqrt{\frac{\sum f(X-\overline{X})^2}{N-1}}$$

$$V = \frac{\sum(X-\overline{X})^2}{N} = \frac{\sum f(X-\overline{X})^2}{N-1} = \frac{\sum X^2 - \dfrac{(\sum X)^2}{N}}{N-1}$$

表 18-1　玉米单株材料考种结果登记表

材料名称	株号	株高/cm	穗长/cm	穗粗/cm	穗粒数	百粒重/g	备注

表 18-2　玉米某一数量性状基本参数表

世代	某数量性状（N 个样本）	N	$\overline{X}$	V	S
P$_1$					
P$_2$					
F$_1$					
F$_2$					
BC$_1$					
BC$_2$					

【实验数据处理及统计分析】

1. 广义遗传力的估算

广义遗传力的估算：由于自花授粉作物或异花授粉作物的自交系，以及它们的杂种一代的基因型是相对一致的。因此它们的群体变异属于环境引起的非遗传变异。因此，通常可用 P_1、P_2 及 F_1 群体的表型方差平均数作为环境方差。

$$V_E = \frac{1}{3}(V_{P_1} + V_{P_2} + V_{F_1})$$

F_2 群体的表型方差除基因型方差外还有环境方差，因此，F_2 表型方差减去环境方差即得到基因型方差：

$$V_G = V_P - V_E = V_{F_2} - V_E$$

然后按下式求出广义遗传力。广义遗传力是指基因型方差占总方差的百分值：

$$h_B^2(\%) = \frac{V_G}{V_P} \times 100 = \frac{V_{F_2} - V_E}{V_{F_2}} \times 100$$

$$或 \ h_B^2(\%) = \frac{V_{F_2} - \frac{1}{3}(V_{P_1} + V_{F_1} + V_{P_2})}{V_{F_2}} \times 100$$

2. 狭义遗传力的估算

狭义遗传力的估算：是利用不同世代的杂种群体抵消环境方差和基因型方差中的显性方差，从基因型方差中分离出加性方差来估算遗传力的方法。在进行数量性状分析时，往往从一对基因的遗传模型及基因效应分析着手。

设一对基因（A、a）构成三个基因型 AA、Aa、aa；D 为纯合型 AA、aa 的加性效应值，一正一负，平均值为 0。h 为杂合型 Aa 的显性效应值，是加性效应基础上偏离平均值的增量，其值可正可负，也可等于 0，主要依显性作用的大小、方向而定。当无显性作用时，杂合型为加性效应（$h=0$）。

以一对基因的模式为基础，推广到多对基因。多基因作用有两种方式：①加性效应（多基因作用累加起来）；②非加性效应，包括显性作用（等位基因互作）及上位作用（非等位基因互作）。假设不存在基因与环境的互作，则群体的基因型方差是由加性方差（V_D）、显性方差（V_H）和上位性方差（V_I）所组成的。

根据 F_2、BC_1（$F_1 \times P_1$）、BC_2（$F_1 \times P_2$）群体的方差组成分析为：

$$V_{F_2} = \frac{1}{2}D + \frac{1}{4}H + E$$

$$V_{\mathrm{BC_1}} + V_{\mathrm{BC_2}} = \frac{1}{2}D + \frac{1}{2}H + 2E$$

则
$$V_{\mathrm{D}} = 2V_{\mathrm{F_2}} - (V_{\mathrm{BC_1}} + V_{\mathrm{BC_2}}) = \frac{1}{2}D$$

上述式中，$D = \sum d^2$ 是各基因加性方差的总和；$H = \sum h^2$ 是各基因显性方差的总和。

$$h_{\mathrm{N}}^2(\%) = \frac{V_{\mathrm{D}}}{V_{\mathrm{P}}} \times 100 = \frac{\frac{1}{2}D}{V_{\mathrm{F_2}}} \times 100 = \frac{2V_{\mathrm{F_2}} - (V_{\mathrm{BC_1}} + V_{\mathrm{BC_2}})}{V_{\mathrm{F_2}}} \times 100$$

【要点及注意事项】

（1）农作物性状考种时测量的标准（如时间）要一致，以减少误差。

（2）若遇到一株两个玉米果穗的情况，可统一取上部的果穗测量。

（3）测量百粒重数据时，应将玉米穗粒晒干后称量。

【作业及思考题】

（1）根据所得数据，分析本实验中玉米 5 个性状的遗传特点，并估算广义、狭义遗传力。

（2）分析说明玉米的 5 个性状中，自交系和杂种 F_1、F_2、回交一代间所表现差异的原因；以及自交系、F_2、回交一代群体内个体间表现差异的原因，并分析实验材料在种植的时间、地点方面有什么要求。

【参考文献】

[1] 杨大翔.遗传学实验［M］.第 3 版.北京：科学出版社，2016.

[2] 李雅轩，赵昕.遗传学综合实验［M］.北京：科学出版社，2005.

[3] 仇雪梅，王有武.遗传学实验［M］.武汉：华中科技大学出版社，2015.

[4] 闫桂琴，王华峰.遗传学实验教程［M］.北京：科学出版社，2010.

（吴秀兰　唐文武）

实验十九　人类指纹的遗传分析

【实验目的】

(1) 掌握人类皮纹分析的基本知识和方法；

(2) 了解指纹分析在遗传学中的应用。

【实验原理】

在人类的手指、掌面、足趾、脚掌等器官的皮肤表面，分布着许多纤细的纹线。这些纹线可分两种：凸起的嵴纹及两条嵴纹之间凹陷的沟纹。由不同的嵴纹和沟纹形成了各种皮肤纹理，总称皮纹。皮纹具有一定的特征，可以分类识别。在手指端部的皮肤纹理称为指纹（finger print）。每个人都有一套特定的指纹，且这套指纹的纹理终生不变。因而早在 1890 年 Galton 就提出用指纹作为识别一个人的标志。至今人们还利用指纹确认嫌疑犯、死者、失踪的儿童或进出某些重要部门的成员等。

指纹有三种基本类型：弓形纹、箕形纹和涡形文（又称螺纹或斗形纹）。在后两种指纹中有三组纹线经过的三叉点，计算三叉点与指纹中心的连线上的纹嵴数即得一个手指的纹嵴数。将十指的纹嵴数相加得总指嵴数（有关概念在"结果辨析"中详细介绍）。有人研究了亲属间总指嵴数的相关，发现同卵双生子与异卵双生子间的相关系数分别为 0.95±0.07（理论相关 1.00）、0.49±0.08（0.50），而父母与子女间为 0.48±0.03（0.50）。这个结果说明，总指嵴数是一种遗传的性状，且遗传基因是加性的。目前认为这个性状是多基因控制的数量性状，但究竟由哪些基因控制、其遗传方式是什么，至今尚未弄清。

据研究，指纹在胚胎发育第 13 周开始形成，在第 19 周完成。如果有某种遗传或生理的因素造成嵴纹发育不良，就能在指纹上反映出来。许多研究证实了这个推论。如 Down 氏综合征患者的 10 个指头都是正箕纹的比例增加，食指和小指上出现反箕的比例较正常人高；Klinefelter 氏综合征患者弓形纹较正常人多，从而使总指嵴数降低。因而指纹又可作为诊断某些先天畸形的一种辅助工具。除指纹外，掌、趾、足等处的皮纹也用于遗传分析或临床诊断。

在本次实验中，诸位将获取并分析自己的指纹，计算总指嵴数，最后分析全班同学总指嵴数的分布情况。

【实验用品】

1. 实验材料

或某一区域人群或本校各院（班）学生的指纹。

2. 实验器具

2B 以上的软铅笔（B 是铅笔硬度的标记，B 前面的数字越大，笔芯越软）。

白纸、放大镜、直尺（10cm 左右）。

透明胶带（胶带的宽度应与第一指节长度相当，不宜太窄）。

【实验步骤】

本实验中所用取手印的方法是 Mertens（1998）的方法。使用这种方法获取手印很方便，同时得到的指纹也很清晰。也可用印泥或油墨等获取指印。用印泥或油墨取指印时，要注意各个手指在纸上滚压时，用力要均匀，同时不能太重，否则很难得到清晰的指纹。

1. 指纹采集

洗净双手，擦干，用铅笔在白纸片上涂黑 $3 \sim 4cm^2$ 见方的一小块。将要取指印的手指在涂黑的区域中涂抹，将整个指尖涂黑。揭一条宽度与手指第一指节长度相当的透明胶带，从指尖的一侧裹至另一侧，轻压，再揭下来，上面即附着你的指纹。将这条透明胶带贴在表 19-1 "我的指纹" 一栏中相应的位置上。

重复第 1 个步骤，直至获得 10 个手指的指纹。

2. 指纹观察分析

参照 "结果辨析及统计分析" 中的有关内容，在放大镜或手机高清拍照下检查、分析你的指纹类型。算出总指嵴数，并统计分析同班同学的指嵴数的情况。

【结果辨析及统计分析】

1. 指纹类型辨析

在放大镜下或者手机拍照后放大检查、分析受试者的指纹类型。根据纹理的走向扣三叉点的数目。可将指纹分成三种基本类型：弓形纹、箕形纹、斗形纹。各指纹类型的判断依据如下。

（1）弓形纹（arch）：由几种平行的弧形嵴纹组成。特点是纹线由指的一侧延伸到另一侧，中间隆起成弓形，无中心点和三叉点。弓形纹根据弓形的弯度又可分成两种。一种中央隆起很高形成帐篷状，称帐形弓（tented arch）；

另一种中间隆起较平缓，则称弧形弓（simple arch）。

（2）箕形纹（loop）：箕形纹俗称簸箕，几种嵴纹从手指一侧发出后向指尖方向弯曲，再折回发出的一侧，形成一组簸箕状的纹线。此处有一处呈三方向走向的纹线，该中心点称为三叉点（见图19-1）。箕口的开口方向有两种：一种朝着本手尺骨一侧（即小指方向），这种箕形纹称尺箕（ulnar loop）或正箕；而开口朝着桡骨一侧（即拇指方向）的称桡箕（radial loop）或反箕。

（3）斗形纹（whorl）：斗形纹又称螺纹或涡形纹，是指纹中性状最复杂、变化最多、最难判断的嵴纹。特点是具有两个或两个以上的三叉点，有几条环形或螺线形的嵴纹绕着一个中心点，形成一个回路或有形成回路的趋势。根据构成斗形纹的嵴纹形态，通常将斗形纹分为普通斗（plain whorl）、囊形斗（central pocket whorl）、双箕斗（double loop whorl）等类型。普通斗由几条呈同心圆环状的嵴纹组成；囊形斗是指纹中心一条或多条闭合的曲线形嵴纹与其内部的几条弧形线共同组成一个囊状结构，其特点是用一条直线连接两三叉点，则形成囊形斗的螺线在此线上方，不会与直线相交，而普通斗则相交；双箕斗是两个箕形纹绞在一起形成的斗形纹。

（4）混合型（compound）：除了这三种基本类型的指纹外，还有其他混合类型。它们有的由这三种指纹混合而成（如箕、斗混合，箕、箕并列等），有的形状奇特，无法归类。在总指嵴数的记数中，无法归类的不做统计。

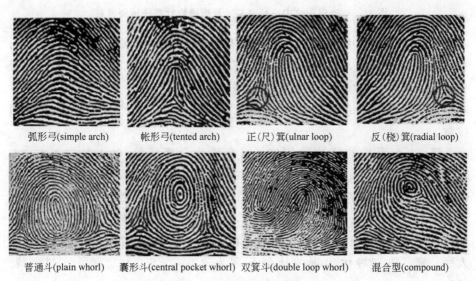

弧形弓(simple arch)　　帐形弓(tented arch)　　正(尺)箕(ulnar loop)　　反(桡)箕(radial loop)

普通斗(plain whorl)　　囊形斗(central pocket whorl)　　双箕斗(double loop whorl)　　混合型(compound)

图19-1　几种基本指纹类型

2. 总指嵴数统计

从一个指纹的中心点到距中心点最远的三叉点之间划条直线，直线所接触的纹嵴线数目（连线起止点处的嵴线数不计算在内）称纹嵴数（ridge count）。确定指纹中心、三叉点及指嵴数计数法见图 19-2。其中左图Ⅰ排显示确定箕形纹中心的方法，均假定三叉点在左下侧；Ⅱ排显示确定斗形纹中心的方法，假定三叉点在左、右下侧；Ⅲ排显示确定三叉点中心的方法。右图显示指嵴数计数的方法。注意 4、5、6、7、9。其中 4、5 是一条嵴线分叉而成，但它们与 A、B 点的连线有两个交点，故应计为两个点，6、7 也是这样。而 9 前端虽然是分叉的，但它与 A、B 连线仅一交点，故仅能计为一个点。

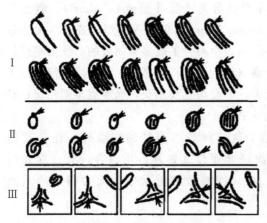

图 19-2　确定指纹中心点（左）及指嵴数计数法示例（右）

在指嵴数计数中，由于弓形纹没有指纹中心和三叉点，指嵴数为零；普通斗有一个中心，两三叉点，因而有两个指嵴数，常取数值较大的一个作为其指嵴数。双箕斗嵴线计数时，分别将两圆心与各自的轴作连线，计算出两条连线的嵴线数。两条嵴线数之和除以 2，其得数为该指纹的嵴线数。

将 10 个手指的嵴纹数相加，综合称为总指嵴数（total ridge count，TRC）。填写表 19-1 中的表格数据，并进行 TRC 分析。不同的种族间及不同的性别间总指嵴数存在差异。欧洲人平均男性约 145，女性约 127。有研究表明，中国人的总指嵴数比欧美人高，男约 162.7，女约 153.1（马慰国，1981）。另外，指纹类型的分布也存在着民族、种族的差异。统计表明，中国人弓、箕、斗三种纹出现的比例分别为 2.5%、47.5%、50%（刘少聪，1984）。

表 19-1　指纹图型及指嵴数

项目	拇指	食指	中指	环指	小指
我的指纹					
指纹图型					
指嵴数					

左手(右手)指嵴数小计：

【要点及注意事项】

(1) 将双手洗净，擦干，否则指纹上有杂质，会影响实验图像的采集分析。

(2) 指纹采集时，要将各手指第一指节的腹面及两侧均匀涂黑，按住"不粘区"，将涂黑的指尖一侧按在胶面上，翻转 180°滚压至另一侧。

(3) 指嵴数计数分析时，有异议的要小组讨论并查阅相关资料。

【作业及思考题】

(1) 完成自己的指纹性状调查统计表，并分析。

(2) 如果可能请收集父母、亲/表兄弟姐妹的指纹，用相关分析计算父母间、父亲与孩子间、母亲与孩子间、同胞间、非同胞间的 TRC 相关系数，并进行分析。

(3) 请论述指纹分析有何遗传学意义。

【参考文献】

[1] 杨大翔.遗传学实验 [M].第 3 版.北京：科学出版社，2016.

[2] 李雅轩，赵昕.遗传学综合实验 [M].北京：科学出版社，2005.

[3] 赵凤娟，姚志刚.遗传学实验 [M].第 2 版.北京：化学工业出版社，2016.

[4] 刘祖洞，江绍慧.遗传学实验 [M].第 2 版.北京：高等教育出版社，2004.

（唐文武　陈刚）

第五部分

分 子 遗 传 学 实 验

实验二十 植物基因组DNA的提取与鉴定

【实验目的】

（1）了解植物 DNA 抽提的主要方法，掌握提取植物 DNA 的原理和方法；

（2）学习根据不同的植物和实验要求设计和改良植物总 DNA 抽提方法；

（3）通过实验掌握琼脂糖凝胶电泳鉴定 DNA 的原理与方法。

【实验原理】

脱氧核糖核酸（deoxyribonucleic acid，DNA）是一切生物细胞的重要组成成分，主要存在于细胞核中。植物细胞中的 DNA 绝大多数以 DNA-蛋白复合物（DNP）的形式存在于细胞核内，DNP 能溶解在纯水或 1mol/L 的 NaCl 溶液中，而不溶于有机溶剂。提取 DNA 时，一般先破碎细胞释放出 DNP，再用含少量异戊醇的氯仿除去蛋白质，最后用乙醇把 DNA 从抽提液中沉淀出来。DNP 与核糖核蛋白（RNP）在不同浓度的电解质溶液中的溶解度差别很大，利用这一特性可将二者分离。

植物基因组 DNA 的提取通常采用机械研磨的方法，由于植物细胞匀浆含有多种酶类（尤其是氧化酶类），对 DNA 的抽提产生不利的影响，在抽提缓冲液中需加入抗氧化剂或强还原剂（如巯基乙醇）以降低这些酶类的活性。在液氮中研磨，材料易于破碎，并可减少研磨过程中各种酶类的作用。目前从样品中分离 DNA 的方法主要有两种，分别为 CTAB 法和 SDS 法。

CTAB（hexadecyl trimethyl ammonium bromide，十六烷基三甲基溴化铵）、SDS（sodium dodecyl sulfate，十二烷基硫酸钠）等离子型表面活性剂，能溶解细胞膜和核膜蛋白，使核蛋白解聚，从而使 DNA 得以游离出来。再加入苯酚和氯仿等有机溶剂，能使蛋白质变性，并使抽提液分相，因核酸的水溶性很强，经离心后即可从抽提液中除去细胞碎片和大部分蛋白质。上清液中加入无水乙醇使 DNA 沉淀，沉淀 DNA 溶于 TE 溶液中，即得植物总 DNA。

琼脂糖凝胶电泳是分离、鉴定和纯化 DNA 片段最为常用的方法之一。琼脂糖是从海藻中提取出来的一种长链多聚物。琼脂糖遇冷水膨胀，溶于热水成溶胶，冷却后成为孔径范围从 50nm 到大于 200nm 的凝胶。可作为电泳支持物，适用于分离大小范围在 0.2～50kb 的 DNA 片段。而且琼脂糖可以灌制成各种形状、大小和孔径，在不同的装置中进行电泳。DNA 在琼脂糖凝胶中的迁移率受多种因素影响，例如 DNA 分子的大小，琼脂糖的浓度，所加电压等等。DNA 片段越长，泳动速度越慢，而且泳动速度与电场强度成正比。一个给定大小的线性 DNA 片段，在不同浓度的琼脂糖凝胶中的迁移率不同，DNA 电泳迁移率的对数与凝胶浓度成线性关系，与 DNA 分子量成反比关系。观察其迁移距离，与标准 DNA 片段进行对照，就可获知该样品的分子量大小。所以利用琼脂糖凝胶电泳检测 DNA 纯度、含量和分子量，以及分离不同大小的 DNA 片段。

荧光染料溴化乙锭（ethidium bromide，EB）可嵌入碱基对之间形成荧光络合物，在紫外线激发下发出红色荧光。用低浓度的溴化乙锭染色后，在紫外线的照射下凝胶中的 DNA 可以直接被检测出来，此法可检测到 20pg 的双链 DNA。所以溴化乙锭可以作荧光指示剂指示 DNA 的含量和位置。

【实验用品】

1. 实验材料

新鲜或冷冻的水稻、拟南芥或其他植物的嫩叶。

2. 实验器具

高速冷冻离心机、冰箱、水浴锅、高压灭菌锅、烘箱、液氮罐、研钵、水平电泳槽、电泳仪、紫外检测仪、各式微量移液器及相应枪头、一次性手套等。

3. 试剂

十六烷基三甲基溴化铵（CTAB）、十二烷基硫酸钠（SDS）、三羟甲基氨基甲烷（Tris）、乙二胺四乙酸（EDTA）、乙酸钠（CH_3COONa）、氯化钠

（NaCl）、Tris 饱和酚（Tris-phenol）、巯基乙醇、无水乙醇、氯仿、异戊醇、液氮、电泳缓冲液 TBE、溴化乙锭（EB）、溴酚蓝、DNA 标准分子量标记物、琼脂糖、6×上样品缓冲液。各缓冲液的配制方法见附录。

【实验步骤】

1. 植物微量 DNA 提取法（CTAB 法）

（1）磨样　将新鲜叶片（约 1g）在液氮中快速研磨成粉末，转入 1.5mL 离心管中。

（2）DNA 提取

① 加入 65℃预热 CTAB 抽提缓冲液（配方见附录）700μL 和 β-巯基乙醇 20μL，充分振荡混匀，65℃恒温水浴中保温 1.5～2h（每隔 10min 摇荡一次）。

② 用酚-氯仿-异戊醇（25：24：1）抽提，即向离心管加入 Tris 饱和酚和氯仿-异戊醇（24：1）各 350μL，轻轻颠倒混匀 5～10min（需戴手套，防止损伤皮肤）。室温下 12000r/min 离心 10min。

③ 仔细移取上清液至另一支 1.5mL 离心管，加入等体积氯仿-异戊醇（24：1），轻轻颠倒混匀 5～10min。室温下离心 10min（12000r/min）。

④ 取上清液转至 1.5mL 新管，加入 2 倍体积 95%预冷的乙醇混匀，室温下放置片刻即出现絮状 DNA 沉淀。然后用玻璃棒钩出 DNA 沉淀，用 70%乙醇洗涤两次。

⑤ 将 DNA 吹干，加入 200μL TE（pH8.0）充分溶解。

（3）纯化

① 加入 5μL RNA 酶溶液（10μg/μL），37℃下水浴 1～2h，除去 RNA（RNA 对 DNA 的操作、分析一般无影响，可省略以下步骤）。

② 加入等体积的酚-氯仿-异戊醇（25：24：1），轻轻混匀 5～10min，室温下离心 10min（4000r/min）。

③ 取上清液，加入等体积的氯仿-异戊醇（24：1），室温下离心 10min（4000r/min）。

④ 取上清液，加入 1/10 体积的 3mol/L CH_3COONa（pH5.2），混匀后加入 2 倍体积的预冷 95%乙醇，并轻轻摇匀，室温下静置一段时间后用玻璃棒钩出 DNA 沉淀。

⑤ 将 DNA 用 70%乙醇洗涤两次，将 DNA 自然风干，或真空抽干，加入 2～3mL TE（pH8.0）溶解，置于−20℃保存、备用。

2. 植物大量 DNA 提取法（SDS 法）

（1）磨样　取 3～5g 新鲜叶片，在液氮下迅速研磨成粉末。粉末加入

1.5mL 离心管中。加入研磨好的粉末前可先用液氮冷却离心管，这样可防止材料黏附在管口。粉末加至管约 1/3。加好粉末的小离心管应立即置于液氮中。如不立即提取则应放在 −70℃冰箱中保存。

（2）DNA 提取

① 取出离心管，加入 750μL SDS 缓冲液（配方见附录），65℃水浴 1～2h，水浴过程中温和翻转混匀几次。水浴完毕，在通风橱中加入等体积的酚-氯仿（1∶1），反复轻柔地（因为剧烈地振荡会对大片段的 DNA 造成机械剪切，得不到较大的完整的片段）转动离心管，使之形成乳浊液。混匀 20min，目的是使反应充分。

② 在 8500r/min 下，离心 15min，用移液枪吸取上清液移至另一离心管。吸取上清液的时候要注意，不要吸取两相间的蛋白层。在通风橱中加入等体积的氯仿，以除去苯酚，轻柔地混匀 20min。然后在 8500r/min 下离心 15min。如果没有把握，最好将上清液多留些。否则最终得到的 DNA 中蛋白质的含量太高。

③ 取上清液，加入 0.6 体积的冷冻过的异丙醇，轻轻混匀，−20℃静置约 20min。

④ 可看到白色的 DNA 悬浮在溶液中。10000r/min 下 10min 将 DNA 离心到管底（或用枪头直接挑出 DNA），弃液相，用 70％乙醇洗 2～3 次，在通风橱中空气干燥 10～15min，至无乙醇味即可。

⑤ 将 DNA 溶于 100μL TE（pH8.0）。

（3）纯化

① 加 2μL RNA 酶（10mg/mL），37℃保温 3h 以上或过夜，以去除 RNA。

② 加 TE 至 650μL，然后加入等体积的酚-氯仿溶液，混匀 20min，8000r/min，离心 15min。

③ 取上清液，加入等体积的氯仿，混匀 20min，8000r/min，离心 15min。

④ 取上清液，加入 1/10 体积 3mol/L CH_3COONa（pH5.2），并加入 2 倍体积的冷无水乙醇，上下倒置混匀，置 −20℃冰箱中沉淀 30min，挑出 DNA，或用 10000r/min 离心 10min，弃液相获得 DNA 沉淀。

⑤ 加入冷的 70％乙醇，小心洗涤沉淀 2～3 次，依所提 DNA 量加入适量 TE（pH8.0）或无菌水溶解 DNA，−20℃保存。

3. 琼脂糖凝胶电泳法检测 DNA 质量

（1）琼脂糖凝胶的制备

① 将有机玻璃的电泳凝胶床洗净，晾干，用胶布或胶带纸将两端的开口封好，放在水平的工作台上，插上样品梳。

② 根据所用的电泳槽的大小计算出配制 3g/L 琼脂糖凝胶所需的琼脂糖及 0.5×TBE 缓冲液的量，将 TBE 缓冲液及琼脂糖放入一个锥形瓶中（注意：琼脂及缓冲液的量不能超过锥形瓶容量的一半），置微波炉或沸水浴中加热至完全熔化（不用加热至沸腾），取出摇匀。

③ 将溶液冷却到 60℃左右，加入溴化乙锭，使其终浓度为 0.5μg/mL。将凝胶缓缓地倒入塑料托盆内，厚度约 3～5mm。如胶上有气泡，可用吸管小心地抽吸去除。在室温下放置 30min 左右使凝胶完全凝固。取出样品梳，揭去胶带，将凝胶放入电泳槽内（注意：近加样孔的一端为负极）。往电泳槽中加入电泳缓冲液，缓冲液一定要高出胶面 1～2mm。

（2）加样

① 将 DNA 样品与加样缓冲液混合。加样缓冲液使样品具有一定的颜色，便于加样及判断电泳时 DNA 的位置，同时，缓冲液中的甘油、蔗糖等与 DNA 混合可提高样品的密度，使 DNA 样品能均匀地沉到样孔底。

② 用微量移液器将混合后的 DNA 样品加入加样孔中，每一个样孔加 4～5μL，记录点样顺序及点样量。

（3）电泳　接通电源，将电压调至 5V/cm（此处的距离是指正负两极间的距离，用微型胶进行电泳电压可以设置为 5～20V/cm），电流 150mA，让 DNA 从负极向正极移动。当溴酚蓝移动到距离凝胶前沿 1～2cm 时，停止电泳。

（4）结果观察　戴上手套，取出凝胶直接放到紫外线灯下观察，波长设为 254nm，这时观察效果最好（但在这样的波长下 DNA 容易发生切口，因此，如果要回收 DNA，则最好将波长设置为 300nm）。DNA 显示橘红色荧光条带。观察时应戴上防护眼镜，以防紫外线对眼睛的伤害。如果基因组 DNA 完整，应该仅出现一条主带；如出现很多条深浅不一的带，则说明 DNA 已经降解；如果背景模糊，说明在 DNA 样品中混杂有 RNA。

【要点及注意事项】

（1）防止紫外线对人皮肤及眼睛的损伤，避免直接照射皮肤与眼睛。

（2）EB 是强诱变剂，有致癌性，操作时要戴手套，防止污染。所有含有 EB 的溶液在弃置前应当进行净化处理。

（3）尽量取幼嫩叶片，且叶片磨得越细越好。如太老，酚类物质多，必须用 10mmol/L 的 β-巯基乙醇处理。

（4）研钵预冻，粉末至加 CTAB 前不要融化。氯仿-异戊醇抽提时动作应轻柔，转移用的枪头最好是剪宽。

（5）所用试剂必须灭菌，注意移液器的正确使用。

【作业及思考题】

（1）植物总 DNA 降解的可能原因在哪里？提高总 DNA 产量的措施有哪些？

（2）一条染色体含有一条 DNA，基因组中不同的染色体 DNA 的大小是不同的。提取的基因组 DNA 中含有多条大小不一的 DNA。但为什么用琼脂糖电泳后仅能见一条主带呢？

【参考文献】

[1]　杨大翔.遗传学实验［M］.第 3 版.北京：科学出版社，2016.

[2]　王金发，戚康标，何炎明.遗传学实验教程［M］.北京：高等教育出版社，2008.

[3]　闫桂琴，王华峰.遗传学实验教程［M］.北京：科学出版社，2010.

（吴秀兰　唐文武）

实验二十一　细菌质粒DNA的提取与纯化

【实验目的】

（1）学习和掌握碱裂解法提取质粒的原理和方法；

（2）熟悉和掌握凝胶电泳鉴定质粒 DNA 的方法。

【实验原理】

质粒（plasmid）是存在于细菌以及酵母菌等生物细胞质中、独立于细胞染色体之外，并能自主复制的遗传成分。通常情况下以游离状态可持续稳定地处于染色体外，但在一定条件下也会可逆地整合到宿主染色体上，随着染色体的复制而复制，并通过细胞分裂传递给后代。细菌质粒一般为双链、环状的 DNA 分子，大小从 1kb 到 200kb。目前，质粒已成为基因工程中最常见的载体（vector）。一个理想的质粒载体应具备如下特点：分子量相对较小，多拷贝，能自主复制，具有多个限制性内切核酸酶的单一酶切位点，即多克隆位点，具有一个以上的筛选标记（抗性基因）以及较高的转化效率等。

碱裂解法是一种广泛应用于制备质粒 DNA 的方法，其原理为：当在菌体中加入 NaOH 和 SDS 溶液时，细菌细胞破裂，释放出质粒 DNA 和线性染色体 DNA。在碱性环境下线性染色体 DNA 变性后双螺旋结构解开，而共价闭环质粒 DNA 氢键断裂后两条互补链仍彼此相互缠绕。加入酸性缓冲液恢复 pH 至中性时，共价闭合环状的质粒 DNA 的两条互补链能迅速而准确复性，而线性染色体 DNA 的两条互补链彼此由于几乎完全分开，复性缓慢且不准确，结果缠绕形成网状结构。随后通过离心，染色体 DNA 与不稳定的大分子 RNA、蛋白质-SDS 复合物等一起沉淀下来而被除去。

在细菌体内，共价闭合环状质粒以超螺旋形式存在。在提取质粒的过程中，除了超螺旋 DNA 外，还会产生其他形式的质粒 DNA。若质粒 DNA 两条链中有一条发生一处或多处断裂，会形成松弛型的环状分子，即开环 DNA；若质粒 DNA 的两条链在同一处断裂，则形成线状 DNA。由于超螺旋形式的质粒分子比开环和线状分子的泳动速度快，因此可通过琼脂糖凝胶电泳鉴定。

【实验用品】

1. 实验材料

带有质粒 pUC19 的大肠杆菌 DH5α 菌株。

2. 实验器具

离心机、恒温培养箱、高压灭菌锅，水平电泳仪、紫外检测仪、各式移液器及配套枪头、1.5mL 离心管、培养皿、冰箱等。

3. 试剂

葡萄糖、乙二胺四乙酸（EDTA）、十二烷基硫酸钠（SDS）、Tris-HCl、胰蛋白胨、酵母提取物、NaOH、乙酸钾、冰乙酸、酚、氯仿、乙醇、胰RNA 酶、氨苄青霉素、RNA 酶 A 等。实验所需的 LB 固体培养基、溶液Ⅰ、溶液Ⅱ、溶液Ⅲ、TE 缓冲液等的配制方法见附录。

【实验步骤】

1. 大肠杆菌培养

实验前两天，从－70℃低温冰箱中取出含 pUC19 质粒的大肠杆菌 DH5α 菌株，在 LB 液体培养基中 37℃恒温培养过夜，在 LB 固体平板上划线，37℃过夜至长出单菌落。挑取形态饱满的单菌落两个，分别接种在 5mL LB 液体培养基中，37℃，250r/min，摇匀过夜（12～14h）。

在无菌工作台上吸取 1.5mL 菌液倒入微量离心管中，10000r/min 离心 1min。除去上清液（可用真空吸引器除去），使细菌细胞沉淀尽可能干燥。

2. 收集和裂解细菌

（1）将细菌沉淀悬浮液浮于 100μL 冰预冷的溶液Ⅰ中，剧烈振荡使菌体充分混合。为使细菌沉淀在溶液Ⅰ中完全分散，可将两个微量离心管的管底部互相接触，并同时进行振荡，可使沉淀迅速分散。

（2）加 200μL 溶液Ⅱ（新鲜配制），盖紧管口，快速颠倒 5 次（切勿振荡）以混合内容物，随后将离心管放冰上 5min。

溶液Ⅱ的作用主要是破碎细菌，使质粒 DNA 从细胞内释放。其中 NaOH 可以使细胞膜破坏，同时伴随着蛋白质和核酸变性。SDS 的主要功能是使分散缠绕的多肽链之间形成 SDS-多肽复合物，使变性蛋白质溶解在溶液中，使多肽更好地与基因组 DNA 缠绕。

（3）加入 150μL 冰预冷的溶液Ⅲ，盖紧管口，反复颠倒数次使细菌裂解物分散均匀。冰上放置 5～10min，使溶液中产生尽量多的白色沉淀。然后在 4℃，12000r/min 离心 5～10min，将上清液转至另一离心管中。

溶液Ⅲ为低 pH 值的乙酸钾溶液，用于中和 NaOH 溶液，以使部分变性的共价闭合环状质粒 DNA 复性，而细菌染色体 DNA 则不能正确复性。

（4）向上清中加入等体积的酚-氯仿（1∶1），振荡混匀，4℃，12000r/min 离心 5min，将上清转移到另一离心管中。

3. 分离和纯化质粒 DNA

（1）向上清液中加入 2 倍体积的无水乙醇，上下颠倒混匀，室温放置 5～10min。4℃，12000r/min 离心 5min。

（2）弃去上清液，把离心管倒扣在吸水纸上，以使所有液体流出，室温干燥。

（3）加 1mL 70%乙醇洗涤质粒 DNA 沉淀，颠倒数次，4℃，12000r/min 离心 5min，弃去上清液，真空抽干或空气中干燥。

（4）加入 10μg/mL RNA 酶的 TE 缓冲液 20μL，4℃保存备用。

4. 琼脂糖凝胶电泳检测

按实验二十的方法，配制 1‰浓度的琼脂糖凝胶，进行加样、电泳并在紫外线灯下观察鉴定提取的质粒 DNA 的质量。

【要点及注意事项】

（1）收获细菌应在其对数生长期，此时细菌生长活跃，死菌较少，质粒产量高。

（2）加入溶液Ⅰ后，菌体一定要悬浮均匀，不能有结块。

（3）溶液Ⅱ在温度较低时可能会产生沉淀，需先用水浴加热溶解，混匀后再使用。

（4）加入溶液Ⅱ后必须轻柔混合，否则会造成染色体 DNA 断裂。冰上放置时间不能过长，因为在这样的碱性条件下染色体 DNA 片段也会慢慢断裂。

【作业及思考题】

（1）质粒的基本性质有哪些？质粒载体与天然质粒相比有哪些方面改进了？

（2）质粒提取过程中，应特别注意哪些操作？为什么？

（3）碱裂解法提取的质粒 DNA 通常都污染有细菌 RNA 分子，如何去除污染的 RNA？

（4）质粒提取过程为何要防止 DNA 酶污染？如何防止？

【参考文献】

[1]　仇雪梅，王有武. 遗传学实验 [M]. 武汉：华中科技大学出版社，2015.

[2]　卢龙斗，常重杰. 遗传学实验技术 [M]. 北京：科学出版社，2007.

[3]　闫桂琴，王华峰. 遗传学实验教程 [M]. 北京：科学出版社，2010.

[4]　赵凤娟，姚志刚. 遗传学实验 [M]. 第 2 版. 北京：化学工业出版社，2016.

（吴秀兰　唐文武）

实验二十二 植物总RNA的提取与检测

【实验目的】

(1) 了解制备植物总 RNA 的原理和意义；

(2) 掌握快速制备植物总 RNA 的基本方法。

【实验原理】

植物细胞总 RNA 包括线粒体 RNA、叶绿体 RNA、tRNA、rRNA 和 mRNA。与 DNA 一样，RNA 在细胞中也是以与蛋白质结合的状态存在的。RNA 分子主要存在于细胞质中，约占 75%，另有 10% 存在于细胞核内，15% 在细胞器中。总 RNA 提取一般使用蛋白质强变性剂有效抑制 RNA 酶的活性，同时使 DNA 变性，再通过有机溶剂反复抽提去掉蛋白质、多糖等物质，在 RNA 沉淀剂的作用下，针对性分离出 RNA。

植物细胞 RNA 提取中的主要问题是防止 RNA 酶的降解作用。RNA 酶的生物活性十分稳定，耐热、耐酸、耐碱，作用时不需要任何辅助因子，而且它的存在非常广泛，除细胞内含有丰富的 RNA 酶外，在实验环境中，如各种器皿、试剂、人的皮肤、汗液甚至灰尘中都有 RNA 酶的存在。因此，生物体内源、外源 RNA 酶的降解作用是导致 RNA 提取失败的致命因素。内源 RNA 酶来源于材料的组织细胞，提取自始至终都应对 RNA 酶的活性进行有效抑制。RNA 提取过程中将蛋白质变性剂与 RNA 酶抑制剂联合使用效果较理想。其中异硫氰酸胍是一种蛋白质强变性剂，同时能够有效抑制 RNA 酶的活性。外源 RNA 酶的抑制主要使用 DEPC（焦碳酸二乙酯），这是很强的核酸酶抑制剂，它通过与蛋白质中的氨基酸结合，使蛋白质变性。其中水及其他溶液的灭活一般使用 0.05%～0.1%DEPC 过夜处理。DEPC 处理后的溶液还需高压灭菌，以去除残存的 DEPC。不能高压灭菌的试剂要使用经过 DEPC 处理的灭菌蒸馏水配制，然后用 $0.22\mu m$ 滤膜过滤。

提取的总 RNA 质量检测常用紫外分光光度计测定 OD_{260}/OD_{280} 比值，以及采用凝胶电泳检测技术。一般 OD_{260}/OD_{280} 为 1.8～2.0 时，认为 RNA 中蛋白质或者其他有机物的污染是可以容忍的，纯 RNA 的 OD_{260}/OD_{280} 为 2.0。当 $OD_{260}/OD_{280}<1.8$ 时，溶液中蛋白质或者其他有机物的污染比较明

显。当 $OD_{260}/OD_{280} > 2.2$ 时，说明 RNA 已经水解成单核酸了。

用溴化乙锭等荧光染料示踪的核酸电泳结果可用于判定核酸的纯度。由于 DNA 分子较 RNA 分子大许多，电泳迁移率低，而 RNA 中以 rRNA 最多，占到 80%～85%，tRNA 及核内小分子 RNA 占 15%～20%，mRNA 占 1%～5%，故总 RNA 电泳后可呈现特征性的三条带。

RNA 电泳可以在变性及非变性两种条件下进行。非变性电泳使用 1.0%～1.4% 的凝胶，不同的 RNA 条带也能分开，但无法判断其分子量。只有在完全变性的条件下，RNA 的泳动率才与分子量的对数成线性关系，因此，要测定 RNA 分子量时，一定要用变性凝胶。要快速检测所提总 RNA 样品的完整性时，配置普通的 1% 琼脂糖凝胶即可。植物总 RNA 中的 28S rRNA 及 18S rRNA 在变性凝胶上的迁移率相当于分子大小 5.1kb 及 2.0kb RNA 的迁移率。

【实验用品】

1. 实验材料

幼嫩的植物新鲜材料。常选用水稻、拟南芥完整、幼嫩的叶片。

2. 实验器具

高速冷冻离心机、紫外分光光度计、冰箱、水浴锅、高压灭菌锅、烘箱、液氮罐、研钵、水平电泳槽、电泳仪、紫外检测仪、各式微量移液器及相应枪头、一次性手套等。

3. 试剂

焦碳酸二乙酯（DEPC）、十二烷基硫酸钠（SDS）、乙二胺四乙酸（ED-TA）、乙酸钠（CH_3COONa）、氯化钠（NaCl）、Tris 饱和酚（Tris-phenol）、巯基乙醇、无水乙醇、氯仿、异戊醇、液氮、电泳缓冲液 TBE、溴化乙锭（EB）、溴酚蓝、DNA 标准分子量标记物、琼脂糖、6× 上样缓冲液。以及 0.01%DEPC 处理水、10% 十二烷基肌氨酸、0.75mol/L 柠檬酸钠（pH7.0）、2mol/L 乙酸钠（pH4.0）、异硫氰酸胍变性液等，配制方法见附录。

【实验步骤】

1. 异硫氰酸胍法提取植物总 RNA

（1）取 2 只 50mL 离心管，于冰上预冷。

（2）取 1～2g 新鲜植物组织置于研钵中，加入液氮迅速研磨成均匀的粉末。

（3）将粉末移入预冷的离心管中，并向其中加入 5mL 异硫氰酸胍变性液，轻轻摇动离心管使其混合均匀。

（4）循序加入 2mol/L CH_3COONa 0.5mL、水饱和苯酚 5mL、氯仿-异戊醇 1mL，每加入一种试剂都轻轻摇动离心管混合均匀，最后将离心管盖紧，倒转几次混合均匀，冰浴 15min。

（5）4℃ 条件下 12000r/min 离心 30min，将上层水相转移至另一离心管，并加入等体积的异戊醇，混合后置于 −20℃ 冰箱中冷冻 1h。

（6）4℃ 条件下 10000r/min 离心 25min，小心去除上清液，沉淀溶于 1.5mL 异硫氰酸胍变性液中（体积为第一次的 1/3），再加入等体积的异戊醇，混合后置于 −20℃ 冰箱中冷冻 1h。

（7）4℃ 条件下 10000r/min 离心 20min，沉淀用 70％ 乙醇洗一次，晾干后溶于适量体积 DEPC 处理的水中（50～200μL），检测后分装，置于 −70℃ 低温条件下保存。

2. TRIZOL 法小量提取 RNA

（1）于 1.5mL 离心管中加入 1mL TRIZOL 提取液。

（2）取 1g 新鲜植物组织置于研钵中，加入液氮迅速研磨成均匀的粉末。

（3）称取 0.1g 液氮研磨后的材料，转移到提取液中，漩涡振荡混匀，15～30℃ 静置 5min。

（4）4℃，12000r/min，离心 10min，取上清液。

（5）加 0.2mL 氯仿，剧烈摇动 15s，15～30℃ 放置 2～3min，4℃，12000r/min，离心 15min。

（6）取水相，加 0.25mL 异丙醇，0.25mL 高盐溶液，颠倒混匀，15～30℃ 放置 10min，4℃，12000r/min 离心 10min，去上清液。

（7）用 1mL 冰预冷的 75％ 乙醇洗涤沉淀，漩涡振荡，4℃，7500r/min 离心 5min。

（8）真空泵吸除乙醇，用 $DEPC$-ddH_2O 溶解 RNA，55～60℃ 溶解 10min，迅速冰浴，稍离心。

（9）−20℃ 短时间保存，−70℃ 长期保存。

3. 分光光度法检测 RNA

用分光光度计测波长为 260nm 和 280nm 时的吸光度（OD）值，OD_{260}/OD_{280} 鉴定 RNA 的纯度。RNA 提取量（μg）＝OD_{260}×40×稀释倍数×原液体积。RNA 收率（μg/g）＝RNA 提取量（μg）/提取样品质量。

4. 琼脂糖凝胶变性电泳检测 RNA

（1）制备 1％ 的琼脂糖凝胶：称 1.0g 琼脂糖，加 72mL DEPC 处理水，加热熔化，冷却至 60℃，在通风橱内加入 10×凝胶缓冲液 10mL、甲醛（37％）18mL，混匀后倒胶。

（2）制备样品：在离心管中，将 RNA 样品与 5×变性上样缓冲液以 4∶1 混匀。65℃温育 5～10min，迅速在冰上冷却 5min，离心数秒。

（3）上样前凝胶需预电泳 5min，随后将样品点入上样孔，以 5V/cm 的电压电泳 1.5～2h。

（4）待溴酚蓝迁移至凝胶长度的 2/3～4/5 处结束电泳。将凝胶置于溴化乙锭溶液（0.5μg/mL，用 0.1mol/L 乙酸铵配制）中染色约 30min。

（5）用凝胶成像系统观察并分析。

【要点及注意事项】

（1）操作过程中应始终戴一次性手套，并经常更换，以防止 RNA 酶污染试管或用具。

（2）配制的溶液应尽可能地用 0.1％DEPC 处理 12h 以上，然后用高压灭菌除去残留的 DEPC。不能高压灭菌的试剂，应当用 DEPC 处理过的无菌双蒸水配制，然后经 0.22μm 滤膜过滤除菌。

（3）无法用 DEPC 处理的用具可用氯仿擦拭若干次，这样通常可以消除 RNA 酶的活性。但氯仿会溶解某些塑料制品，应当注意。

（4）有机玻璃的电泳槽等，可先用去污剂洗涤，双蒸水冲洗，乙醇干燥，再于室温下浸泡在 3％$H_2O_2$10min，然后用 0.1％DEPC 水冲洗，晾干。

【作业及思考题】

（1）比较两种 RNA 制备方法。

（2）如何判断 RNA 制备的纯度？

（3）实验所需的塑料制品、玻璃和金属物品如何处理？

【参考文献】

[1] 闫桂琴，王华峰.遗传学实验教程［M］.北京：科学出版社，2010.

[2] 徐秀芳，张丽敏，丁海燕.遗传学实验指导［M］.武汉：华中科技大学出版社，2013.

[3] 李雅轩，赵昕.遗传学综合实验［M］.北京：科学出版社，2005.

（吴秀兰　唐文武）

实验二十三　聚合酶链式反应技术（PCR技术）

【实验目的】

（1）学习 PCR 反应的基本原理和实验技术；

（2）掌握 PCR 操作的基本技术及检测方法。

【实验原理】

PCR 技术，即聚合酶链式反应（polymerase chain reaction，PCR），是由美国 PE Cetus 公司的 Kary Mullis 在 1983 年（1993 年获诺贝尔化学奖）建立的。这项技术可在试管内经数小时反应就将特定的 DNA 片段扩增数百万倍，这种迅速获取大量单一核酸片段的技术在分子生物学研究中具有举足轻重的地位，极大地推动了生命科学的研究进展。它不仅是 DNA 分析最常用的技术，而且在 DNA 重组与表达、基因结构分析和功能检测中具有重要的应用价值。

聚合酶链式反应是在模板 DNA、引物和 4 种脱氧核苷酸存在的条件下依赖于 DNA 聚合酶的体外酶促合成反应。模拟 DNA 的自然复制过程，引物按照碱基配对与 DNA 模板互补结合以后，在 DNA 多聚酶的作用下，按照碱基配对的原则（A、T，C、G），从引物开始合成与模板 DNA 互补的 DNA 链。由高温变性、低温退火和适温延伸三步反应组成一个循环，通过多次循环反应，使目的 DNA 得以迅速扩增。每个 PCR 循环包括三步。①高温变性（94℃）：使 DNA 双螺旋的氢键断裂，双链 DNA 解离成单链 DNA，这一过程称之为变性。②低温退火（55℃）：模板 DNA 经过变性，分解为两条单链。经过系统温度降低、引物退火与互补的 DNA 模板结合，形成局部的双链，这也是 DNA 复制的起点。③适温延伸（72℃）：引物与模板结合后，在 DNA 多聚酶的作用下，从引物的 5′端向 3′端延伸，随着 4 种 dNTP 的掺入，合成新的 DNA 互补链，完成第一轮变性、退火和聚合反应循环。每一循环经过变性、退火和延伸，DNA 含量即增加一倍。反复进行这一循环，可使两端引物限定范围内的 DNA 序列以指数形式扩增，循环的次数主要取决于模板的浓度，从理论上讲，一个目的 DNA 分子经 20 次循环扩增后可达 10^{6}。

典型的 PCR 反应体系由 DNA 模板、引物、*Taq* 酶、dNTP、模板和包含

Mg^{2+} 的反应缓冲液组成。其中引物是 PCR 特异性反应的关键，PCR 产物的特异性取决于引物与模板 DNA 互补的程度。理论上，只要知道任何一段模板 DNA 序列，就能按其设计互补的寡核苷酸链作引物，利用 PCR 将模板 DNA 在体外大量扩增。引物设计有 3 条基本原则：首先，引物与模板的序列要紧密互补，其次，引物与引物之间避免形成稳定的二聚体或发夹结构，最后，引物不能在模板的非目的位点引发 DNA 聚合反应（即错配）。

【实验用品】

1. 实验材料

水稻、拟南芥或其他植物基因组 DNA。

2. 实验器具

PCR 仪、高速冷冻离心机、冰箱、高压灭菌锅、烘箱、液氮罐、研钵、水平电泳槽、电泳仪、紫外检测仪、各式微量移液器及相应枪头、一次性手套等。

3. 试剂

dNTP，*Taq* 酶，一对引物（R、F），$10\times$ PCR 缓冲液，灭菌 ddH_2O，电泳缓冲液 TBE，溴化乙锭（EB），溴酚蓝，Marker，琼脂糖，$6\times$ 上样缓冲液。

【实验步骤】

1. PCR 反应混合液的制备（1 个样品，总体积 $20\mu L$）

$0.2\mu L$	dNTP（10mmol/L）
$2.0\mu L$	$10\times$ PCR 缓冲液（含 15mmol/L $MgCl_2$）
$2.0\mu L$	模板 DNA
$1.5\mu L$	引物 F（$2\mu mol/L$）
$1.5\mu L$	引物 R（$2\mu mol/L$）
$12.8\mu L$	ddH_2O

总计　　　　$20.0\mu L$

最后加　　　$0.1\mu L$ 的 *Taq* 酶（$5U/\mu L$）

混匀后，放入 PCR 仪中开始反应。

2. PCR 反应程序设计

94℃，预变性 5min

94℃，变性 30s
55℃，退火 30s ⟩ 30 个循环
72℃，延伸 45s
72℃，延伸 5min
4℃，保温

3. 琼脂糖凝胶电泳检测

PCR 扩增结束后，取 $50\mu L$ 扩增产物，利用琼脂糖凝胶电泳检测 DNA 扩增结果。

【要点及注意事项】

（1）PCR 试剂配制所用的水均应是灭过菌的最高质量的双蒸水（ddH_2O）。

（2）操作中所用的 PCR 管、离心管、枪头等都只能一次性使用。

（3）吸取 *Taq* 酶、引物、PCR 缓冲液、dNTP 等试剂的枪头均要使用灭过菌的枪头。

（4）每一次混合液分装（分管）前均应充分混匀。

（5）*Taq* 酶应保存在－20℃以下的冰箱中，用时放置于冰盒或即用即取，用完及时放回－20℃的冰箱中，以防其活性下降。

（6）引物、PCR 缓冲液、dNTP 等试剂也不宜在常温下放置太长时间，用后要及时放回 4℃冰箱中保存。

【作业及思考题】

（1）PCR 反应的原理是什么？

（2）PCR 的特异性表现在哪几个方面？

（3）影响 PCR 反应特异性的因素有哪些？

【参考文献】

[1] 仇雪梅，王有武.遗传学实验 [M].武汉：华中科技大学出版社，2015.

[2] 卢龙斗，常重杰.遗传学实验技术 [M].北京：科学出版社，2007.

[3] 闫桂琴，王华峰.遗传学实验教程 [M].北京：科学出版社，2010.

[4] 赵凤娟，姚志刚.遗传学实验 [M].第 2 版.北京：化学工业出版社，2016.

（吴秀兰　唐文武）

第六部分

遗 传 学 综 合 应 用 实 验

实验二十四 模式植物拟南芥培养及性状观察

【实验目的】

(1) 了解拟南芥的形态、生活史及作为模式植物的应用；

(2) 学习并掌握拟南芥的室内培养技术。

【实验原理】

拟南芥（*Arabidopsis thaliana*），又名阿拉伯芥、鼠耳芥、阿拉伯草，属于被子植物门、双子叶植物纲、十字花科（Brassicaceae）、鼠耳芥属（*Arabidopsis*）。拟南芥为一年生草本植物，高 20～35cm，植株基生叶呈莲座状，叶片倒卵形或匙形，长 1～5cm，宽 3～15mm。茎生叶无柄，披针形或线形，长 5～15mm，宽 1～2mm。总状花序顶生，花瓣 4 片，白色，匙形。长角果线形，长 1～1.5cm，种子每室 1 行，种子卵形、小、红褐色。花期 3～5 月。在自然界中，拟南芥主要分布于温带，集中在欧洲地区、东非、亚洲大陆、日本等。我国西北、西南省区均有发现。拟南芥有多种生态型，实验中最常用的三种是 Landsberg erecta（Ler）、Columbia（Col）和 Wassilewskija（Ws），这些生态型在形态发育、生理方面等存在很大差异。

拟南芥虽然没有经济价值，但具有以下特点：①生育期短，从播种到收获种子一般只需 6 周左右，在短期内就能繁育多代，满足对变异和进化的要求；②植株个体小，株高一般只有 30cm 左右，基因组小，只有 5 对染色体，基因组长 120Mb；③每次可以产生数千枚种子，满足遗传上统计的要求。同时，拟南芥是已知植物基因组中第二小的，其自花授粉特性可使基因高度纯合，人工诱变率高，易获得各种代谢功能缺陷型突变体。因而长期以来拟南芥作为模式植物，在有花植物遗传学、细胞生物学、发育生物学、分子生物学等领域研究中扮演了十分重要的角色，被科学家誉为"植物中的果蝇"。同时，拟南芥种子寿命长，在干燥状态下保存 5 年最低发芽率仍可达 20％，且不像果蝇那样需常年保种，适于教学科研应用。但拟南芥属于较难培养的植物，常用室内培养技术进行培养。拟南芥室内培养不仅可以得到试验所需的材料，还可以打破自然条件的限制，可对拟南芥进行各种诱导，为拟南芥新品种的培养和种性的改良提供便利条件。掌握拟南芥室内培养技术对顺利开展植物相关研究具有重要的意义。

【实验用品】

1. 实验材料

干燥的拟南芥种子。

2. 实验器具

超净工作台、高压灭菌锅、电子天平、花盆或格状分离的多穴塑料盘、镊子、封口膜、丝线、标签纸、移液枪、干燥器、培养皿、枪头、枪盒、托盘等。

3. 试剂

无菌蒸馏水、1％次氯酸钠、MS 培养基大量元素母液、MS 培养基微量元素母液、MS 固体培养基、营养土、蛭石、珍珠岩。MS 培养基配方见附录 4。

【实验步骤】

1. 种子处理及幼苗培养

（1）培养基配制：拟南芥最常用的培养基是 1 倍或 0.5 浓度的 MS 培养基。将 MS 母液稀释到工作浓度，加入 2.4％蔗糖、0.8％琼脂，调节溶液 pH 为 5.8。配制好的培养基与实验所用的培养皿、枪头、枪盒、蒸馏水等都需要高压蒸汽灭菌。

将灭菌后的 MS 培养基和培养皿在无菌条件下倒平板，平板厚度一般占培养皿厚度的 1/3，不宜过厚或过薄。过薄，点种子后水分蒸发快，培养基有可能干涸。过厚，种子发芽后，有可能使叶子浸入平板中，影响幼苗后期发育并且过厚的平板易开裂。

（2）种子处理：在培养基中点样前，必须对种子进行消毒，防止污染培养基。利用 1% 的次氯酸钠浸泡 10min，倒去次氯酸钠，然后用无菌蒸馏水洗涤 5～6 遍。

消毒处理后，利用移液枪将种子点到培养基上，一般种子行间距保持 2cm 左右，防止植株长大后影响根与子叶的发育。点样完毕后，将培养基密封，置于 4℃ 条件下，保持低温春化 3～4 天。

（3）幼苗培养。春化完毕后，将培养基转入培养箱中，培养条件为：温度 (21±2)℃，光照强度为 (5500±300) lx，光周期为 16h 光/8h 暗。其正常的生长状况一般为：1～2 天后生根，3～4 后 2 片叶子，5～8 天后约有 4 片叶子，8～12 天后约有 6 片叶子，12～14 天后能生长到 8 片叶子。当植株生长到 8 片叶子时，便能移植到土壤混合培养基中。无菌苗也可以直接进行相关实验。

2. 幼苗移植及栽培管理

（1）幼苗移植：对于栽培拟南芥的介质要求有良好的排水性，一般将泥炭土、蛭石、珍珠岩按 1∶1∶1 混合均匀后，分装入小花盆或多穴塑料盘中。为保持良好的排水性和通气性，土壤混合物的高度有 3～4cm 便可，并且在配制混合物的过程中要保持珍珠岩完整和土质膨松。

用镊子小心地将幼苗从培养基中取出（注意保护根部）。用镊子将幼苗小心地插入已挖好小洞的土壤培养基中，用混合介质将幼苗根部掩埋，并滴加 1～2 滴 MS 营养液于幼苗根部。

（2）植株生长管理：幼苗移植后将花盆用塑料薄膜覆盖，然后置于 21℃ 温度、(6300±300) lx 的光照强度下培养。在前 4～6 天内，每隔 2 天浇一次 MS 营养液（保持土质湿润），并继续用塑料薄膜覆盖，当植株的叶子出现明显伸长、茎开始发育时，便可以去掉塑料薄膜。此后，若培养箱空气干燥，可以每隔一天浇 MS 营养液一次，保证土壤湿润。当植株出现花芽分化时，要保证水分的供应，以促进果实的发育。但植株结荚时，每周浇一次水便可。

（3）种子收集：拟南芥种子处在长角果中，当逐渐成熟时，长角果由绿变黄，最后成褐色。当长角果变为褐色时，就可以采集成熟的长角果，经脱粒、清洁、干燥后，密封后放在 -20℃ 冰箱中保存。

3. 表型观察分析

拟南芥不同生态型在形态、发育、生理等方面都存在很大差异，一般实验室最常用的遗传背景是 Columbia（Col）型。在观察植株表型时，可从直接肉眼可见的表型中先进行分析，如叶形、莲座叶数目、茎生叶数目、株高、花形、花瓣数目、颜色、雄蕊形态和数目、开花时间、叶衰老时间、角果形态和数目、结籽率、种子颜色和形态等。但有很多突变体的表型用肉眼并不能直接观察到，需要通过生理、生化、分子生物学等技术手段的检测才可以得知。

　　在室内培养条件下，同学们可从拟南芥的种子萌发、出苗，以及营养生长期、开花期和成熟期，获得新一代种子等整个生活史进行观察记录，对拟南芥在各个生长期内的形态特征有所了解。一般拟南芥各时期的形态特征如图 24-1 所示。

图 24-1　拟南芥不同生长期各器官形态

【要点及注意事项】

（1）营养土混合物使用前要进行高压灭菌处理。

（2）拟南芥种子小，破土能力差，应注意浅播种。

（3）拟南芥培养过程中，要水分充足但不能过多。

【作业及思考题】

（1）拟南芥种子播种后在 4℃ 处理 3～4 天的目的是什么？

（2）拟南芥作为模式植物具有哪些特点？

（3）拟南芥培养过程中，哪个技术环节最为重要？

【参考文献】

[1]　闫桂琴，王华峰.遗传学实验教程［M］.北京：科学出版社，2010.

[2]　牛炳韬，孙英莉.遗传学实验教程［M］.兰州：兰州大学出版社，2014.

[3]　曹仪植.拟南芥［M］.北京：高等教育出版社，2004.

（唐文武　吴秀兰）

实验二十五 高等植物的有性杂交

【实验目的】

（1）学习并掌握植物有性杂交的原理和方法；

（2）了解常见模式植物的花器构造和开花习性等生物学特征；

（3）掌握几种植物的有性杂交技术。

【实验原理】

植物有性杂交是利用遗传性状不同的亲本进行交配，以组合两个或多个亲本的优良性状于杂种体，并经过基因的分离和重组，产生各种性状的变异类型，从中选择出最需要的基因型，进而创造出对人类有利的优良品种。根据亲缘关系远近，有性杂交分为近缘杂交和远缘杂交两大类，前者指同一植物种内的不同品种之间的杂交，后者指在不同植物种或属间进行的杂交，也包括栽培种与野生种之间的杂交。品种间杂交由于亲本的亲缘关系较近，具有基本相同的遗传物质基础，杂交容易成功，通过正确选择亲本，能在较短时间内选育出具有双亲优良性状的新品种。但品种间杂交的遗传差异具有一定限度，往往存在品种之间在某些性状上不能互相弥补的缺点。而远缘杂交可以扩大栽培植物的种质库，能把许多有益基因组合到新种中，以产生新的有益性状，从而丰富各种植物的基因型。通过远缘杂交，还可扩大杂种优势的利用。但远缘杂交存在结实率低，而且不易成功，甚至完全不育、杂种夭亡的缺点，因此限制了远缘杂交在育种实践中的应用。

当前，有性杂交技术在植物遗传及育种中广泛应用，它是遗传学研究的一个基本方法，也是创造植物新品种、新类型的有效手段。人们通过将遗传组成不同的个体进行杂交，通过相对性状在杂种后代中的分离和重组，揭示各种质量性状和数量性状的遗传规律，或从中选择高产、优质、抗病、抗虫或抗非生物胁迫的个体，育成各种农作物新品种。

就像果蝇实验一样，进行植物有性杂交：第一，要明确选择什么样的亲本进行杂交，以及根据什么性状在子代群体中筛选所需要的植株。第二，要充分了解亲本植物的花器构造和开花习性，因为有性杂交的程序是根据植物的开花习性来设计的。第三，必须使两个亲本的花期相遇，如果在正常条件下双亲的花期不遇，则要采取如分期播种等措施来调节花期。本实验将以模式植物拟南芥，以及我国主要农作物水稻、小麦、玉米等材料，学习植物有性杂交的基本技术和方法。

【实验用品】

1. 水稻

生长在田间或温室内的不同品种的水稻植株。

剪刀、镰刀、羊皮纸袋、塑料牌、温度计、水桶、油性笔、回形针等。

热水、铅笔、70％乙醇。

2. 拟南芥

室内培养的不同品系的拟南芥。

眼科镊子、小纸袋、纸牌（塑料牌）、记号笔、放大镜等。

70％乙醇、铅笔。

3. 小麦

生长在田间或温室内的不同品种的小麦植株。

镊子、小剪刀、硫酸纸袋、曲别针（或大头针）、纸牌。

70％乙醇、铅笔。

4. 玉米

生长在田间或温室内不同品种的玉米植株。

硫酸纸袋、牛皮纸袋、大剪刀、纸牌（塑料牌）、曲别针（或棉纱线）。

70％乙醇、铅笔。

【实验步骤】

一、水稻离体杂交技术

1. 花器构造及开花习性

水稻穗为总状花序，由主梗分出第一次支梗，从第一次支梗分出第二次支梗，在第一次和第二次支梗上着生小支梗，小支梗上有小穗，每一个小穗就只有一个颖花。颖花由内颖、外颖、护颖、副护颖、浆片（又称鳞片）、雌蕊、雄蕊所组成。雌蕊位于花的中央，子房一室，位于花的基部，内藏一个胚珠，花柱先端分开成为羽毛状的柱头。雄蕊 6 枚，其花丝从子房的基部生出，花药为长形，四室组成，每个花药内约有 1000 粒花粉。子房与外颖间有两个小浆片，浆片成卵圆形、白色、肉质，在开花时有重要作用。当鳞片吸水膨胀，约达原来体积的三倍时，推开外颖而开花。开颖时花丝伸长，花药伸出颖外，花粉散落，鳞片失水，则内外颖闭合。见图 25-1。

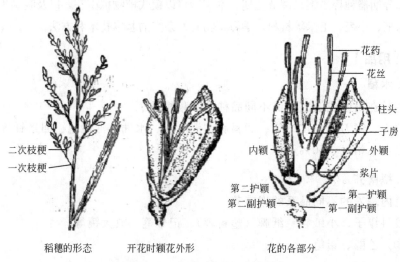

稻穗的形态　　　　开花时颖花外形　　　　　花的各部分

图 25-1　水稻稻穗及花器构造

一个稻穗的颖花全部开放完毕约需 3～5 天。一个稻穗的开花顺序是上部枝梗的颖花先开，而后依次向下；同一枝梗上往往是顶端颖花最先开，而后再由下向上，一朵颖花从开放到闭合约需 1～2h。水稻抽穗的日期、开花的快慢和多少因天气条件和品种不同而异。如夏季天气晴朗、气温适宜，籼稻开花通常从上午 8 时到中午，以 9～11 时为开花盛期；粳稻一般要比籼稻推迟 1～3h 开花。

水稻开花授粉的最适温度为 30℃左右，最适相对湿度为 70％～80％。如遇阴雨连绵、气温偏低，则开花推迟，甚至不开花而闭颖授粉。小穗开颖的同时花药裂开，花粉落到雌蕊柱头上完成授粉，成熟花粉散粉后其生活力只能维持 5min 左右，雌蕊接受花粉受精能力可维持 3～4 天，但以开花当天或次日受精结实率最高。

2. 杂交技术

（1）母本取样　选取具有该品种（品系）典型性状、生长健壮、无病虫害的植株。选取已抽出叶鞘 3/4 或全部、先有 1/4～1/2 颖花开过的稻穗。于早晨 7～8 时去田间将所选母本从根部平泥面用镰刀割取。系好标签，放进水桶取回室内。

（2）温汤杀雄　对取回的母本稻穗进行整理，留倒数的 2 片叶，其中剑叶留 10～15cm 左右，倒二叶留 1/2 长度。将同一母本按穗部比齐扎好。然后进行温汤杀雄，利用约 43℃温水浸泡稻穗部 8min 后，取出稻穗，用手轻搓，抖去穗上积水。待其开花（可暗处理）。

（3）人工剪颖　若开花较多则剪去温汤后全部未开放的颖花，只留正处在开花状态的颖花；若开的颖花太少，则可保留较成熟的颖花（花药已长至颖花上部），剪去已开过的颖花（花药空的）和幼嫩颖花。然后将正开放的颖花和保留的较成熟颖花逐一剪去上端 1/3 的颖壳，小心勿剪到柱头。一般每穗留 15～20 朵颖花即可。整个过程稻穗最好不离开水面。

（4）套袋　先检查所有剪颖的颖花是不是都是没受过精的（闭花受精后残留的花药不是新鲜的淡黄色），再轻轻弹掉残留在颖花内断的花药，然后将 2～3 条母本稻穗比齐套上羊皮纸袋，下端两边斜折，用回形针固定（最好不将回形针夹住穗茎秆）。写上母本名称，以待授粉。

（5）取父本　选取具有该品种（品系）典型性状的父本植株。并选取父本中已抽出叶鞘 3/4 或全部、先有 1/4～1/2 颖花开过的稻穗。或只要尚有未开颖花的稻穗。于早上 9～10 时从选取的父本稻穗穗节下 10～15cm 剪取，剪去叶片（和顶部已开过的颖花），剪齐穗茎，系好标签，放进水桶内已盛水的杯里，盖好（防晒脱水）。

取回后处理：下雨天取的父本，应先将水分甩干（可用父本稻穗拍打手掌）。对尚未正在开的稻穗可轻搓。放回水桶，或放在暗箱内一段时间（暗处理可使开花整齐而不散粉）。

（6）授粉　授粉前将已开花的父本从水桶或暗箱中取出，置于桌面。可用手指轻触花药检查是否已散粉，待花药伸出开始散粉时即可进行授粉。

打开已剪颖母本稻穗的纸袋口，将正在开的父本穗小心插入纸袋的上方，凌空轻轻抖动和捻转几次，使花粉散落在母本柱头上。授粉后将纸袋口重新折叠好，并在纸袋上用油性笔写明组合名称、杂交日期及做杂交者姓名，并在工作本上做好记录。

放在水桶内，清水培养。

（7）管理收获　杂交 3～4 天后，检查是否杂交成功（授粉成功的可看见灌浆小米粒，否则立即补做）。每 3 天换水一次，注意通风透气，防止发霉。一般杂交后 20～25 天即可收获杂交种。

二、拟南芥杂交技术

1. 花器构造及开花习性

拟南芥是自花授粉的模式植物，其天然异交率在 1% 以下。作为十字花科的总状花序，抽薹时从茎下部开始往上顺次开花 [图 25-2（a）]。拟南芥的小花有四个萼片，四个花瓣 [图 25-2（b）]。其雌蕊位于花的中间，包括 6 枚（4 强 2 弱）雄蕊，由四个中部稍长的雄蕊和两个侧面较短的雄蕊组成 [图

25-2（d）］。子房由两个心皮组成［图 25-2（c）］。由于拟南芥雄蕊在花开放之前（花瓣伸直开放前）就会开裂，并完成自我受精过程，因此，拟南芥必须在小花尚未开放前除去未成熟的花粉囊（人工去雄），待柱头成熟到能接受花粉时，再进行人工授粉。根据光照时间长短，拟南芥能产生 3～6 轮花序。在 25℃的长日照条件下，拟南芥进行花芽分化前可产生 5～9 片叶，平均 7.25 片。在第 14 天首先看到花蕾，从产生第一个花蕾开始，大概每天能够产生 1.9 个花蕾。在第 16 天时，主茎的叶腋处也开始长出花蕾，第 18 天时，植株主茎花序延伸明显，抽薹开始，主茎有 4～7 个花蕾。通常杂交效率最高的是初生花序，应避免使用 2～3 轮花序。当植株变老时，花变小，杂交成功率降低。

图 25-2　拟南芥的花及花器构造

2. 杂交技术

（1）选择母本　选择刚刚露白的花蕾作为母本，是杂交成功的关键之一。太幼嫩的花蕾去雄后雌蕊会死亡，而发育稍过的花蕾内部已在进行或完成自花授粉过程，难以达成人工杂交的目的。

（2）人工去雄　按照杂交组合的要求，从杂交母本中选取刚露白的花蕾。用干净、小型的眼科镊子由外向内依次剥去花萼、花瓣、雄蕊（共 6 枚，此时雄蕊的长度明显短于雌蕊，尚未进行自花授粉），只留下雌蕊。注意不要碰伤柱头，否则难以完成授粉作用。

（3）授粉杂交　刚刚去雄的雌蕊柱头还未发育成熟，一般在去雄后第 2 天，柱头处于膨胀毛茸茸的状态时，为最适合接受花粉的状态。最好在明媚的早上做授粉杂交。选择处于盛花期的花朵作父本，用灭菌的镊子取下父本花的雄蕊。用花粉在母本花的柱头上轻轻擦拭数次，完成人工授粉杂交。杂交后挂上标牌，注明父本和母本基因型、杂交时间。重复上述步骤，对另一去雄的花柱头进行杂交（每次授粉后要用 70％酒精对镊子进行灭菌）。过几天后，如果母本花柱头根部变为棕红色并能发育长大则表明杂交成功。

（4）种子采集　杂交果荚在变黄后就可以采集，然后干燥保存。

三、小麦杂交技术

1. 花器构造及开花习性

小麦为自花授粉作物，复穗状花序。小麦的穗是由一个穗轴和 20～30 个互生的小穗组成的。每个小穗包括 2 片护颖和 3～9 朵小花，最上部的 1 朵或几朵小花发育不完全或退化。一般情况下，只有小穗基部的 2～3 朵发育完全的小花结实。发育完全的每朵小花具有 1 片外颖（或外稃）、1 片内颖（或内稃）、2 个鳞片（或浆片）、3 个雄蕊和 1 个雌蕊（图 25-3）。外颖厚而绿，内颖薄而透明，芒着生在外颖上。雄蕊由花丝和花药组成。花药两裂，未成熟时为绿色，成熟时为黄色。花粉囊内充满着花粉粒，成熟时花粉囊破裂，散出花粉粒。雌蕊由柱头、花柱和子房组成。柱头羽毛状，成熟时羽毛张开接受花粉。2 个鳞片位于子房和外颖之间的基部，开花时鳞片细胞吸水膨胀推开外颖，呈现开花现象，以后膨胀减弱，颖片渐渐合拢。

小麦通常在抽穗后 2～4 天开始开花。小麦一般昼夜均能开花，但一日之内，以上午 9～11 时和下午 2～7 时开花最多，所以人工授粉通常在这两个时段进行。每穗从始花到终花约需 4～6 天，以第 2、3 天开花最多。同一植株上主茎的穗先开；同一穗上中部小穗先开，然后依次向上、向下部开放；同一小穗中，基部两侧小花先开，然后依次向里开放。每朵小花内外颖自开放至闭合需 15～30min。小麦开花的最低温度为 9～11℃，最高温度为 30℃左右，最适温度为 18～20℃。

小麦开花时柱头就有接受花粉的能力。授粉后 1～2h，花粉粒开始萌发，再经 40h 左右完成受精。在正常温度、湿度条件下，柱头寿命可维持 7 天左右，但以开花后 3 天内受精能力最强。开花后 3、4 天以后再授粉，结实率明显下降。花粉粒的生活力很短。春小麦花药的散粉期约为 7～8 天，在开花后 3～4 天有一个散粉高峰。

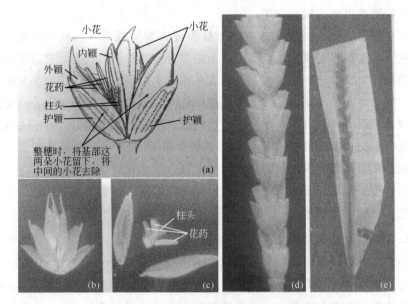

图 25-3　小麦小穗结构及剪颖去雄法

(a) 小麦小穗模式图；(b) 小麦小穗实物图；(c) 一朵小花的解剖；

(d) 剪颖去雄后的麦穗；(e) 去雄后套上硫酸纸袋

2. 杂交技术

（1）选穗　选择发育良好、健壮、无病虫害，具有本品种特征的主茎穗或大分蘖穗作母本。一般在麦穗抽出、茎部离叶鞘约半寸左右时去雄较为合适。气温较高时或后期抽穗的可适当提早。选中穗后，用镊子打开穗中部两侧的小花，检查其花药。若为绿色，这样的穗在去雄后第 2～3 天授粉最易成功。花药过嫩时去雄容易损伤花器；过老时去雄花粉囊易裂散粉而发生自交。

（2）整穗　母本穗选定后，先用镊子去掉穗子上下部发育不好的小穗，仅留中部 5～6 对大的小穗，再将所留小穗中上部的几朵小花除去，每小穗只保留基部两朵发育最好的小花，剪去芒。再用剪刀将每朵小花的颖壳（护颖和内外颖）剪掉 1/3～1/2 ［图 25-3（d）］。

（3）去雄（剪颖去雄法）　将整过的穗夹在左手拇指和中指的中间，再用镊子使内外颖张开并伸入颖内，轻轻取出三个花药。去雄时，由上而下去完一侧，再去另一侧，依次进行，以免遗漏。去雄时，以花药的颜色呈现青绿色为好。如已呈黄色，则须注意花药是否已经破裂。去雄时注意尽量勿使雌蕊受伤或遗留花药。如去雄时花药破裂，则应当除去该小花并将镊子在酒精中蘸一下杀死花粉。去雄后套上透明硫酸纸袋，纸袋下部开口沿穗轴折合，用大头针别住，防止自然杂交［图 25-3（e）］。注意不要别住剑叶。然后挂上标牌，用铅笔写上母本名称、去雄日期、操作者学号或姓名。

（4）采粉及授粉　当去雄花朵的柱头呈羽毛状分叉并带有光泽时，表明柱头已经成熟，应立即进行授粉。授粉工作一般在去雄工作后的第二天上午 8 时以后或下午 4 时以前进行。如去雄后遇到阴雨天，温度较低，可在去雄后 3～4 天进行授粉。

选将要开花小穗的父本穗为供粉穗。授粉时，取一个供粉穗，将小穗齐花药以上的颖壳剪掉，插于避风朝阳的母本行头，略待片刻，花药即可伸出（温度低时，可将穗子放在嘴中哈气，以加快开花）。用剪刀把母本去雄穗上所套硫酸纸袋的顶端剪开，右手执父本穗，从剪口处伸入袋内。然后捻转父本穗，使花粉散落于柱头上。在袋内旋转数周后，即可将供粉穗取出，立即把硫酸纸袋上端折叠，用大头针别好，并在纸牌上写明父本名称、授粉日期及授粉者姓名。一个父本穗有 2～3 个花药良好散粉就可满足授粉需要。

（5）授粉情况检查　小麦授粉后 1～2h，花粉粒就在柱头上开始萌发。约经 40 多小时就可以受精。在授粉后的第 3～4 天可以打开纸袋检查子房的膨大情况。如果子房已膨大，内外颖合拢，说明已正常受精。如果内外颖仍然开张子房不见膨大，说明未能受精。受精后一般不需要继续隔离，可以除去纸袋。但为了防止意外损失（如脱粒）和收获时易于辨认可以不除去硫酸纸袋，连同母本穗一起收回。

（6）收获　按组合收，写明组合名称、种子粒数，保存好以备播种。

四、玉米杂交技术

1. 花器构造及开花习性

玉米是雌雄同株的异花授粉作物，雄花序（又称雄穗）着生于植株顶端，雌花序（雌穗）着生于茎秆中上部叶腋间。授粉大都是通过风等媒介，将邻近植株雄穗上的花粉传到雌穗的花丝上实现的，雌穗受精结实即形成果穗，其天然异交率一般为 95％。成对的雄小穗着生在雄穗主轴及主轴的分枝上，每个小穗有两个颖片，两颖片之间长两朵小花，每一朵小花由一片内颖、一片外颖及三个雄蕊组成，雄蕊花丝的顶端着生花药［图 25-4（a）、（b）］。雄蕊成熟后，内、外颖张开，花丝伸长，花药露出颖片散出花粉。每个小穗中的两个小花虽然结构相似，但开花、散粉的时间不同，从而延长了整个雄穗散粉的时间。这给人工辅助授粉和采粉杂交提供了很大的便利。一个雄穗能产生约 1500 万～3000 万个花粉粒。这么大的花粉量为异花授粉的顺利进行提供了有效保证。

图 25-4 玉米花器构造及杂交技术

（a）玉米雄花序；（b）一朵雄小花的解剖结构；（c）雌蕊从叶腋处露出，此时应套上硫酸纸袋；
（d）雌穗吐丝后剪去苞叶尖端后的形态；（e）整齐的花丝长出，此时可以授粉；
（f）雄穗上套上牛皮纸袋，收集花粉

雄穗抽出 2～5 天后开始开花，开花后 2～5 天达到盛期。只要条件适宜，昼夜均有花朵开放，但一般以上午 7～11 时（尤其是 8～9 时）开花较多，午后至夜晚显著减少。所以人工辅助授粉一般在上午露水干后的盛花期进行。开花的最适温度为 20～28℃，35℃以上的高温则可杀死花粉。

雌穗由茎上叶腋中的腋芽发育而成。成对的无柄的雌小穗着生在雌穗的穗轴上，在穗轴上排列成行，每小穗基部两侧各着生一个颖片，内有两朵小花，一朵结实，一朵不育。结实小花包括内、外颖、一个雌蕊及退化的雄蕊，雌蕊由子房、花柱和柱头三部分组成。花丝由花柱和柱头组成，长 15～30cm，如果在一段时间内得不到受精还可继续伸长到 50cm 左右，直到受精以后停止伸长；其表面密布茸毛，还能分泌黏液黏附花粉，所以花丝的任何部位都能接受花粉。花丝顶端分杈是柱头。花丝接受花粉后 12～24h 即完成受精，受精 2～3 天后颜色变褐，并逐步枯萎。

2. 杂交技术

（1）选择母本单株并套袋 在母本的群体中选择健壮无病虫害的优良

单株。当所选植株上的雌穗从叶腋中露出但尚未吐丝时［图25-4（c）］，用硫酸纸袋套住它，并用曲别针（或大头针）将纸袋夹紧，以防止外来花粉落入。

（2）观察雌穗发育　观察纸袋中雌穗的发育状况。当雌穗有花丝抽出时，分两天完成下述工作。

第一天下午：

① 取下所套硫酸纸袋，用干净的剪刀剪去自苞叶尖端往下2～3cm的部分，再套上硫酸纸袋。这样可使花丝抽齐［图25-4（d）、（e）］，便于授粉。

② 用牛皮纸袋套住父本的雄穗（自交取的是同株雄穗，而杂交雄穗则取自另一个自交系），使雄穗在纸袋内自然平展，然后将袋口折好，并用曲别针别住［图25-4（f）］。

第二天上午8～11时：

① 用左手轻轻弯下套袋的雄穗，右手轻拍纸袋，使花粉抖落于纸袋内，小心取下纸袋，折紧袋口略向下倾斜，轻拍纸袋，使花粉集中在纸袋一角。

② 取下套在雌穗上的纸袋，将采集的花粉均匀地散在花丝上，撒完花粉后可以直接将牛皮纸袋套在雌穗上或套在雌穗的硫酸纸袋上，用回形针夹紧袋口或用粗棉纱线将纸袋绑定在苞叶上。

③ 在授粉果穗所在节的茎秆上拴一纸牌，注明杂交组合、授粉日期、姓名等信息。

（3）授粉情况检查　授粉4～5天后，打开纸袋检查，如果大部分花丝已经枯萎变褐，说明雌小穗已经受精。在授粉1周内，花丝未全部枯萎前，要经常检查雌穗上的纸袋有无破裂或掉落，凡是花丝枯萎前纸袋已破裂或掉落的果穗应予以淘汰。

（4）收获杂交种子　果穗成熟后将塑料牌与果穗系在一起，晒干后分别脱粒装入种子袋中，塑料牌装入袋内，袋外写明材料代号或名称，并妥善保存，以供下季种植。

【要点及注意事项】

（1）拟南芥花比较小，进行人工授粉杂交时一定要小心谨慎。

（2）在授粉过程中，给一株母本授粉后，开始另一株授粉前，必须用70％乙醇擦手，杀死花粉，防止串粉。

【作业及思考题】

（1）授粉时如何防止串粉？

（2）杂交育种工作的意义是什么？

【参考文献】

［1］　牛炳韬，孙英莉.遗传学实验教程［M］.兰州：兰州大学出版社，2014.

［2］　杨大翔.遗传学实验［M］.第3版.北京：科学出版社，2016.

［3］　闫桂琴，王华峰.遗传学实验教程［M］.北京：科学出版社，2010.

［4］　卢龙斗，常重杰.遗传学实验技术［M］.北京：科学出版社，2007.

［5］　赵凤娟，姚志刚.遗传学实验［M］.第2版.北京：化学工业出版社，2016.

（唐文武　吴秀兰）

实验二十六　重组质粒的构建、转化和蓝白斑筛选

【实验目的】

（1）学习构建重组 DNA 分子的基本方法，掌握载体和外源 DNA 酶切的操作；

（2）学习感受态细胞的制备方法；

（3）学习并掌握热激法转化大肠杆菌的原理和方法；

（4）掌握蓝白斑筛选阳性克隆的原理和方法。

【实验原理】

外源 DNA 与载体分子的连接即为 DNA 重组技术，这样重新组合的 DNA 分子叫作重组子。重组的 DNA 分子在 DNA 连接酶的作用下，在 Mg^{2+}、ATP 存在的连接缓冲系统中，将分别经限制性内切酶酶切的载体分子和外源 DNA 分子连接起来。将重组质粒导入感受态细胞中，将转化后的细胞在选择性培养基中培养，可以通过蓝白斑筛选法筛选出重组子，并可通过酶切电泳进行重组子的鉴定。

1. 重组质粒 DNA 的构建

将目的基因用 DNA 连接酶连接在合适的质粒载体上就是重组质粒 DNA 的构建，形成的重组 DNA 叫作重组质粒、重组体或重组子。DNA 重组的方法主要有黏端连接法和平端连接法。常用的 DNA 连接酶有两种：T4 噬菌体 DNA 连接酶和大肠杆菌 DNA 连接酶。两种 DNA 连接酶都有将两个带有相同黏性末端的 DNA 分子连在一起的功能，而且 T4 噬菌体 DNA 连接酶还具有大肠杆菌 DNA 连接酶所没有的平端连接特性，即能将两个平末端的双链 DNA 分子连接起来。用所得的重组质粒转化细菌，即可成功。

但在实际应用上，鉴别重组体的工作并非轻而易举。如何区分插入外源 DNA 的质粒和无外源 DNA 插入而自身重新环化的载体是实际工作中面临的主要问题之一。通过调整连接反应中外源 DNA 和载体的浓度，可以将载体的自身环化限制在一定程度之下。

2. 重组质粒 DNA 的转化

转化（transformation）是指质粒 DNA 或以它为载体构建的重组子导入受体细菌，从而使它的基因型和表型发生相应变化的过程。将质粒 DNA 导入宿主细胞时，未经特殊处理的培养细胞对重组 DNA 分子不敏感，难以转化成功。细菌处于容易吸收外源 DNA 的状态叫感受态。受体细胞经过一些特殊方法（常用 $CaCl_2$ 法）的处理后，细胞膜的通透性发生变化，就成为能容许载体分子通过的感受态细胞（competent cell）。感受态细胞具有较高的转化效率。一般而言，载体分子愈小转化效率愈高，环状 DNA 分子比线性 DNA 分子的转化效率高 1000 倍。

转化过程完成后，将细菌放置在非选择性培养基中保温一段时间，促使在转化过程中获得的新表型（如 Amp^r 等）得到表达，然后将此细菌培养物涂在一定的选择性培养基（如含有 Amp 的培养基）上进行培养，从而获得转化子。

3. 重组质粒的阳性克隆筛选

重组质粒转化宿主细胞后，可以用许多方法从大量细胞中筛选出极少的含有重组质粒 DNA 的细胞，常见的方法有插入失活蓝白斑筛选（α 互补）、直接筛选、限制酶谱分析、表达筛选和核酸探针筛选等。其中，蓝白斑筛选是最常用的一种鉴定方法。

蓝白斑筛选原理：现在使用的许多载体都有一个大肠杆菌 DNA 的短区域，其中含有 β-半乳糖苷酶基因（*lacZ*）的启动子及其 α 肽链的 DNA 序列，称为 *lacZ'* 基因。*lacZ'* 基因编码的 α 肽链是 β-半乳糖苷酶的氨基端的短片段（146 个氨基酸）。这个编码区中插入了一个多克隆位点，它并不破坏阅读框，但可使少数几个氨基酸插入到 β-半乳糖苷酶的氨基端而不影响功能。这种载体适用于可编码 β-半乳糖苷酶 C 端部分序列的宿主细胞。虽然宿主和质粒编码的片段各自都没有酶活性，但它们可以融为一体，形成具有酶学活性的蛋白质。这样，*lacZ'* 基因上缺失近操作基因区段的突变体与带有完整的近操作基因区段的 β-半乳糖苷酶隐性的突变体之间实现互补，这种现象叫作 α 互补。由 α 互补产生的 lac^+ 细菌易于识别，因为它们在显色底物 X-gal（5-溴-4-氯-3-吲哚-β-D-半乳糖苷）的存在下能够将无色的 X-gal 切割成半乳糖和深蓝色底物 5-溴-4-靛蓝，从而形成蓝色菌落。因此，任何携带 *lacZ'* 基因的质粒载体转化的染色体基因组，存在着此种 β-半乳糖苷酶突变的大肠杆菌细胞后，便会产生有功能的 β-半乳糖苷酶，在 IPTG（异丙基硫代 β-D-半乳糖苷）诱导后，在含 X-gal 的培养基平板上形成蓝色菌落。然而，外源基因片段插入到位于

lacZ' 基因中的多克隆位点后，就会破坏 α 肽链的阅读框，导致产生无 α 互补能力的氨基端片段。因此，带有重组质粒载体的细菌克隆形成白色菌落。通过目测就可以筛选出带有重组质粒的菌落，然后通过小量制备质粒 DNA 进行限制酶酶切分析，就可以确定这些质粒的结构。

【实验用品】

1. 实验材料

（1）外源 DNA 的片段　自行制备的带限制性末端的 DNA 溶液，浓度已知。

（2）载体 DNA　pBS 质粒（含 *Amp^r*，*lacZ*），自行提取纯化，浓度已知。

（3）宿主菌　*E. coli* DH5α 或 JM 系列等具有 α 互补能力的菌株。

2. 实验器具

恒温摇床、台式高速离心机、恒温水浴锅、电热恒温培养箱、冰箱、琼脂糖凝胶电泳装置、超净工作台、微量移液枪、Eppendorf 管、离心管、玻璃棒、接种环、试管、培养皿、漩涡振荡器等。

3. 试剂

0.1mol/L CaCl$_2$、200mg/mL IPTG（异丙基硫代 β -D-半乳糖苷）、20mg/mL X-gal（5-溴-4-氯-3-吲哚-β-D-半乳糖苷）、LB 培养基、抗生素母液、T4DNA 连接酶及其他缓冲液。各试剂的配制方法见附录 6。

【实验步骤】

1. DNA 的连接

目前获得重组质粒 DNA 分子的方法主要有两种：一种是在 T4DNA 连接酶的作用下，将纯化的外源目的基因片段与质粒载体直接连接；另一种是先将纯化的外源目的基因与质粒载体分别用相同的内切酶进行切割，然后在 T4DNA 连接酶的作用下，利用酶切产生的黏性互补末端将外源目的基因与质粒载体连接起来。本实验选用直接连接的方法，其步骤简述如下。

（1）建立反应体系

10×连接缓冲液	1μL
载体 DNA	xμL（0.5μg）
插入片段	xμL（1.0μg）
T4 连接酶	0.5～1μL

去离子水补足体积至 $10\mu L$。

（2）上述混合液轻轻混合后再短暂离心，然后置于 16℃ 保温过夜。

（3）65℃ 加热 10min 终止反应，连接后产物可以立即用来转化感受态细胞或置于 4℃ 冰箱中保存备用。

2. 感受态细胞的制备

（1）新鲜幼嫩的细胞是制备感受态细胞和进行成功转化的关键。从 37℃ 培养 16～20h 的新鲜平板中挑取一个单菌落，转到 100mL LB 液体培养基中，于 37℃ 剧烈振荡培养 2～3h（300r/min）。为更有效转化，活菌数不应超过 10^8 个/mL。

（2）将菌液分装到预冷无菌的 1.5mL 离心管中，冰上放置 10min，使培养液冷却到 0℃，然后 4℃ 下离心 10min（5000r/min）以回收细胞。将离心管倒置以倒尽上清液。

（3）以 1mL 用冰预冷的 0.1mol/L $CaCl_2$ 溶液重悬沉淀，冰浴 30min。

（4）在 4℃ 下 5000r/min 离心 10min，弃上清液后，用 1mL 冰预冷的 0.1mol/L $CaCl_2$ 溶液重悬，再冰浴 30min。

（5）在 4℃ 下 5000r/min 离心 10min，弃上清液后，用 $200\mu L$ 冰预冷的 0.1mol/L $CaCl_2$ 重悬沉淀。在超净工作台中按照每管 $200\mu L$ 分装到 1.5mL 离心管中，此细胞为感受态细胞，可直接用于转化实验，或者立即放入 -80℃ 超低温冰箱中冻存备用。

3. 热激转化及蓝白斑筛选

（1）每管中（$200\mu L$ 感受态）加入已连接好的重组质粒 DNA 溶液（体积小于 $10\mu L$，质量小于 50mg），轻轻旋转混匀内容物，冰上放置 30min。

（2）将离心管放入 42℃ 水浴中 90s 进行热休克（勿振动离心管）。然后迅速转移回冰浴中，冷却细胞 2～3min。

（3）在超净工作台中向上述各管加 $800\mu L$ 的 LB 液体培养基（不含抗生素）轻轻混匀，然后将离心管转移到 37℃ 摇床上，150r/min 振摇 45min，使细菌复苏，并表达质粒编码的抗生素抗性标记基因。

（4）在制备好的含相应抗生素的 LB 平板上先后滴加 $4\mu L$ IPTG（200mg/mL）和 $40\mu L$ X-gal（20mg/mL）。先用无菌的玻璃涂布器把 IPTG 溶液涂布于整个平板的表面，待 IPTG 被吸收后，再加入 X-gal。

（5）待平板表面的液体被完全吸收后，将待检细菌接种到平板上。倒置平皿在 37℃ 培养 12～16h。

（6）再将平皿转移到 4℃ 冰箱中放置数小时，使蓝色充分显现，观察平板。其中含有载体自连的转化菌落为蓝色，而带有 DNA 插入片段的转化菌落为白色，即白色菌落为所需的阳性克隆。

4. 酶切鉴定重组质粒

用无菌牙签挑取白色单菌落接种于含相应抗生素的 5mL LB 液体培养基中，37℃下振荡培养 12h，提取质粒 DNA 直接电泳，同时以抽提的空载体 pBS 质粒作为对照。有插入片段的重组质粒电泳时的迁移率比 pBS 质粒的迁移率慢。再用与连接末端相对应的限制酶进一步进行酶切检验。还可用杂交法筛选重组质粒。

【要点及注意事项】

（1）DNA 连接酶的用量与 DNA 片段的性质有关，连接平齐末端，必须加大酶量。在连接带有黏性末端的 DNA 片段时，DNA 浓度一般为 $2\sim10$ mg/mL。在连接平齐末端时，需加入 DNA 浓度至 $100\sim200$mg/mL。

（2）连接反应后，反应液在 0℃可贮存数天，−80℃可贮存 2 个月，但是在−20℃冰冻保存将会降低转化效率。

（3）黏性末端形成的氢键在低温下更加稳定，所以尽管 T4DNA 连接酶的最适反应温度为 37℃，在连接黏性末端时，反应温度以 $10\sim16$℃为好，平齐末端则以 $15\sim20$℃为好。

（4）在连接反应中，如不对载体分子进行去 5′-磷酸基处理，便可用过量的外源 DNA 片段（$2\sim5$ 倍），这将有助于减少载体的自身环化，增加外源 DNA 和载体连接的机会。

（5）IPTG 诱导 β-半乳糖苷酶基因产生有活性的 β-半乳糖苷酶。X-gal 在半乳糖苷酶的作用下水解生成的吲哚衍生物显现蓝色，从而使菌落发蓝。

（6）在含有 X-gal 和 IPTG 的筛选培养基上，携带载体 DNA 的转化子为蓝色菌落，而携带插入片段的重组质粒转化子为白色菌落，平板如在 37℃培养后放置于冰箱中 $3\sim4$h 可使显色反应充分，蓝色菌落明显。

【作业及思考题】

（1）连接反应的温度选择依据是什么？

（2）转化的原理是什么？

（3）什么是蓝白斑筛选，怎样进行蓝白斑筛选？应注意哪些问题？

（4）影响转化频率的因素有哪些？

（5）在用质粒载体进行外源 DNA 片段克隆时主要应考虑哪些因素？

（6）制作感受态细胞的过程中，应注意哪些关键步骤？

【参考文献】

［1］　赵凤娟，姚志刚.遗传学实验［M］.第2版.北京：化学工业出版社，2016.

［2］　李雅轩，赵昕.遗传学综合实验［M］.北京：科学出版社，2005.

［3］　卢龙斗，常重杰.遗传学实验技术［M］.北京：科学出版社，2007.

［4］　舒海燕，田保明.遗传学实验［M］.郑州：郑州大学出版社，2008.

（吴秀兰　唐文武）

实验二十七　DNA的Southern印迹杂交

【实验目的】

(1) 了解 DNA 的 Southern 印迹杂交方法；

(2) 学习并掌握 DNA 与 DNA 分子杂交技术。

【实验原理】

核酸杂交技术是一种常用的分子生物学实验技术，其基本原理是：具有一定同源性的两条核酸单链在一定的条件下，可按碱基互补的原则形成双链，此杂交过程是高度特异性的。Southern 印迹杂交技术包括两个主要过程：一是将待测定核酸分子通过一定的方法转移并结合到一定的固相支持物（硝酸纤维素膜或尼龙膜）上，即印迹（blotting）；二是固定于膜上的核酸同位素标记（或非同位素标记）的探针在一定的温度和离子强度下退火，即分子杂交过程。该技术是 1975 年英国爱丁堡大学的 E. M. Southern 首创的，Southern 印迹杂交因此而得名。Southern 杂交可以检测转基因生物是否含有目的基因，在分子生物学领域，如 RFLP 分析、克隆鉴定、品种鉴定等方面均有应用。

【实验用品】

1. 实验材料

水稻叶子。

2. 实验器具

台式离心机、恒温水浴锅、电泳仪、水平电泳槽、杂交炉、杂交袋、尼龙膜或硝酸纤维素膜、转印迹装置、滤纸、吸水纸、紫外交联仪或 80℃ 烤箱、摇床、X 线胶片。

3. 试剂

2×CTAB 抽取液，氯仿-异戊醇（24∶1），70％乙醇，无水乙醇等，琼脂糖，限制性内切酶 Dra I、Eco RI、Eco RV、$Hind$ Ⅲ，尼龙膜，0.2mol/L HCl，0.4mol/L NaOH 等。

变性液：1.5mol/L NaCl，0.5mol/L NaOH；

中和液：0.5mol/L Tris-HCl（pH＝7.0），1.5mol/L NaCl；

20×SSC：3mol/L NaCl，0.3mol/L 柠檬酸钠；

以上溶液均在100kPa灭菌20min。

2×SSC：用无菌移液管吸取20×SSC溶液5mL，加无菌水45mL。

6×SSC：用无菌移液管吸取20×SSC溶液15mL，加无菌水35mL。

地高辛标记试剂盒，水稻DNA探针。

以上试剂的配制方法见附录6。

【实验步骤】

1. 植物基因组DNA制备

（1）取少量水稻叶片，用蒸馏水洗净，放研钵中加800μL 65℃预热的2×CTAB提取液，充分研磨。

（2）将粗提液装入2.0mL的离心管中，置65℃水浴锅中温育10～60min，间或轻摇离心管。

（3）将离心管取出，冷却至室温，加入等体积（约800μL）氯仿-异戊醇（24∶1）（氯仿是有机溶剂，有毒，小心，不要弄到桌面或枪上）。

（4）将离心管上下颠倒几次，装入离心机中（注意平衡，再低速启动，慢慢加速），在10000r/min下离心10min。

（5）缓慢吸取上清液（不要吸到中间层的杂质），转入另一离心管［如杂质较多，可重复第（3）～（4）步骤］。再加入0.7体积（约600μL）异丙醇，轻轻颠倒几次，可见白色的DNA絮状沉淀。

（6）将离心管在6000r/min下离心3min。弃上清液。

（7）往离心管中加入1mL 70％的乙醇进行清洗，然后倒出乙醇。

（8）待DNA在室温中干燥后，加200μL TE或双蒸水，－20℃冰箱中保存。

2. DNA限制性内切酶消化

（1）取10μL DNA于0.8％凝胶检测。

（2）将DNA调节浓度至300～400ng/μL。

（3）仔细阅读将用的任何一种酶产品的说明书，熟悉反应条件及酶切的贮存浓度（10～50U/μL），以及厂家配套试剂。

（4）根据反应条件计算所需要的各种试剂的准确用量（以0.5mL离心管为例）：

DNA（3～5μg）　　　　　　　　　10μL

10×反应缓冲液　　　　　　　　　1.5μL

酶（15U/μL）	0.8μL（冰上）
ddH$_2$O	2.7μL

混匀，短暂离心。

（5）37℃温浴 1～2h（纯 DNA）或 10h（粗制 DNA）。

（6）加入上样缓冲液终止酶切反应，也可 65℃加热 10min 使酶变性失活。

3. 电泳

（1）制备 0.8% 琼脂糖凝胶，注意琼脂糖的质量、胶的浓度、厚度（<5mm）及均一性。一般大电泳槽配制 250mL 0.8% 琼脂糖凝胶，采用 42 孔梳子（经济、高效）。

（2）上样　DNA 样品中指示剂量要稍多些。

（3）电泳　一般用 1～1.5V/cm 的电压，使 DNA 迁移到适当距离，一般指示剂约移动 10～11cm［大电泳槽：40V×（12～15）h，小电泳槽 30V×（4～5）h］。

（4）评价靶 DNA 的质量。在电泳结束后，0.25～0.50μg/mL EB 染色 15～30min，紫外线灯下观察凝胶。

4. 转膜和固定

（1）转膜准备　在一个瓷盘内放一个比凝胶稍大的平台，在平台上铺放 3 张 3mm 的滤纸，两端垂入盘内的转移缓冲液中，转移缓冲液的液面要低于平台。裁取一张比凝胶稍大的尼龙膜，并用蒸馏水湿润 5～10min，并剪去与凝胶相对应的一角。

（2）制作盐桥　在一玻璃盘中加入足量的 0.4mol/L NaOH，放上洗净的玻璃板，搭制盐桥。

（3）电泳凝胶预处理　把凝胶浸在 0.25mol/L HCl 中，室温下轻轻晃动，直到溴酚蓝从蓝变黄，处理时间 15～20min。倒去 HCl 溶液，加入灭菌双蒸水漂洗凝胶。然后把凝胶浸在中和液中（0.5mol/L Tris-HCl，pH7.5，1.5mol/L NaCl），室温 15min。最后在 20×SSC 中平衡凝胶至少 10min。

（4）转膜

① 在盐桥滤纸上洒些 0.4mol/L NaOH，立即将胶放在盐桥上。

② 胶的四周用塑料片与胶紧紧相连，防止短路（吸水纸与盐桥相接）。

③ 在胶面上倒足够量的 0.4mol/L NaOH，小心放置膜（预湿 0.4mol/L NaOH），使膜覆盖整块胶（要求一次成功，不能移动）。

④ 膜上放 2 张滤纸，滤纸大小为 15cm×12cm。

⑤ 放不少于 5cm 厚的吸水纸，放上玻板，其上压约 500g 的重物，转膜

12h 左右。

⑥ 转膜完毕，用 2×SSC 漂洗膜两次，各 5min。用 EB 染胶以检测转移效果。

⑦ 用两张滤纸包住膜，置于 80～100℃的真空干燥箱中，干燥 2～4 小时。

5. 探针标记

探针可选用水稻 RFLP 探针，探针的标记采用地高辛进行标记，具体操作方法可以参考试剂盒的有关说明进行。将 $1\mu g$ 模板 DNA 溶于 $16\mu L$ 灭菌蒸馏水中，沸水变性 10min，并在冰上迅速冷却，在冰上加入 $4\mu L$ 随机引物标记试剂，其中含有核苷酸混合物、随机引物、Klenow 酶和反应缓冲液。混匀后置 37℃保温至少 1h，可长至 20h 以提高标记量。

6. 预杂交和杂交

将处理好的膜用 2×SSC 浸润 5min 后放到杂交袋中，加入预杂交液（用马来酸缓冲液稀释 10×封闭液为 1×封闭液）50～100mL，65℃预杂交 30min～6h。将预杂交过的膜放入杂交袋中，加入 5mL 的杂交液（用灭菌 ddH_2O 溶解浓缩的固体杂交液成分）。将标记好的探针沸水浴变性 5～10min，冰上 5min，加到杂交袋中，混匀，赶出气泡。42℃摇动杂交过夜。

7. 洗膜

取出尼龙膜，在 2×SSC 溶液中漂洗 5min，然后按照下列条件洗膜：

2×SSC/0.1％SDS，42℃，10min；

1×SSC/0.1％SDS，42℃，10min；

0.5×SSC/0.1％SDS，42℃，10min；

0.2×SSC/0.1％SDS，56℃，10min；

0.1×SSC/0.1％SDS，56℃，10min。

8. 免疫反应

（1）用 50mL 洗液（washing buffer）短暂浸膜 1～5min。

（2）将膜置于封闭液（1×blocking solution）100mL 中封闭 30min。

（3）将封闭液按 1∶10000 稀释 DIG 抗体-AP 至 75m U/mL，将膜浸在 10～20mL 抗体溶液中 30min。

（4）用 100mL 洗液洗膜两次，每次 15min。

（5）用 20mL 检测液平衡 2～5min。

9. 信号检测

（1）去除检测液，在黑暗中加入 25mL 颜色底物溶液进行显色反应，在显色过程中不要摇动。几分钟后开始显色，但完全反应大约需要 16h。

（2）显色完成后，用水洗膜以终止反应，观察实验结果，进行照相。

【要点及注意事项】

（1）为了能更好地分离 DNA，凝胶电泳采用较低的电压进行电泳，并进行过夜跑胶。

（2）在转膜过程中，要保证塑料盘中有足够的 $20 \times SSC$，当吸水纸浸湿后，要及时更换。

（3）杂交时，杂交液的量应根据尼龙膜的大小来确定，一般为 $20mL/100cm^2$，且在杂交袋中应没有气泡。

（4）安装转移装置，应防止转移液不通过凝胶，而从其他途径（如吸水纸直接与下面的滤纸或凝胶接触）直接渗透到尼龙膜上，使 Southern 转移失败。

（5）探针的标记除了可以用地高辛标记以外，还可用同位素标记，具体的标记方法可查阅相关文献。

（6）在实验操作过程中，应注意戴上手套。

【作业及思考题】

（1）在进行 Southern 印迹杂交时，若 DNA 酶切反应不彻底会有何影响？DNA 发生降解又有何影响？

（2）在进行转膜时应注意什么问题？

（3）如何将转移后的 DNA 固定在膜上？

（4）应如何选择探针？

【参考文献】

[1]　赵凤娟，姚志刚.遗传学实验［M］.第 2 版.北京：化学工业出版社，2016.

[2]　吴琼，张琳，张贵友.普通遗传学实验指导［M］.北京：清华大学出版社，2016.

[3]　卢龙斗，常重杰.遗传实验技术［M］.北京：科学出版社，2007.

（陈兆贵　吴秀兰）

第七部分

遗传学研究设计性实验

实验二十八　人类质量性状的调查与遗传分析

【实验目的】

（1）了解人类一些常见的质量性状及其遗传方式；

（2）掌握人类质量性状调查的方法及系谱分析方法；

（3）熟悉群体遗传中基因频率及基因型频率的估算。

【实验原理】

人是最重要的模式生物，也是遗传学的主要研究对象之一。由于诸多主客观因素的限制，人类遗传学的发展相对比较缓慢。目前，对人类许多性状的遗传特征的了解尚不深入，随着人类基因组计划的完成，将加快人类性状的研究进展。人类体表性状基本上可分为由单基因决定的质量性状和由多基因决定的数量性状两大类。遗传因素对人类的体表性状有重要影响。许多体表性状如舌的运动、拇指类型、眼睑、发旋、耳垂、扣手、白化症和红绿色盲等都是人类质量性状和群体遗传学研究的经典指标。掌握人类体表性状的遗传分析，对于认识人类性状遗传规律、学习和研究群体遗传学都有重要意义。

人类的各种性状都由特定的基因控制形成。由于个体的遗传基础不同，某些特定的性状在不同的个体表现不同。通过对群体中某一性状的调查分析，可以估算出该基因的等位基因频率和基因型频率。虽然系谱分析方法进展缓慢，但是系谱分析仍是在一定程度上研究人类质量性状和疾病基因传递规律的重要方法。所谓系谱，或称家系图，是指某一家族各世代成员数目、亲属关系与基因表达的性状或疾病在该家系成员中分布情况的示意图。系谱的调查一般都是从最先发现的、具有某一性状或症状的先证者入手，进而追溯其直系和旁系的亲属。系谱分析法常用于单基因遗传性状研究，包括常染色体显性和隐性，以及性连锁显性和隐性遗传方式的分析。本实验将调查一些已知的人体部分单基因性状，初步了解这些性状的遗传特性。在可能的情况下，学生对自己家族或别人家族的某些体表性状进行调查，画出系谱图，根据所测得的数据进行群体遗传结构分析，同时可判断这个群体是否处于遗传平衡状态。

【实验用品】

某一区域人群或家族成员的相关性状。

【实验步骤】

1. 确定调查性状及方案

按照以下几种单基因体表性状的判断标准，各实验小组（个人）选择若干个体表性状，选取某个群体或家族，确定实验调查方案。

（1）耳垂　耳垂性状受一对单基因座（F-f）的控制。人群中不同个体的耳朵，若耳垂向下悬垂成圆形或与颊部皮肤部分连接，称为有耳垂型；如果耳垂内侧与颊部皮肤大部分或完全相连，则称无耳垂型（见图 28-1）。有耳垂型为显性遗传，无耳垂型为隐性遗传。

（2）酒窝　酒窝性状也受一对单基因控制遗传。有些人在微笑时口角外侧或面颊部呈现出一圆形、三角形或椭圆形皮肤凹陷，称为酒窝；有些人微笑时则不出现酒窝，称无酒窝（见图 28-1）。一般认为，有酒窝为显性遗传，无酒窝为隐性遗传，但这类性状的遗传方式目前尚有争论。

（3）卷舌　卷舌性状受单基因座（T-t）的控制。有些人能将舌的两侧缘向上卷起，呈"U"形甚至卷成筒状，称为卷舌型，有些人则不能，称为非卷舌型（见图 28-1）。卷舌型为显性遗传，非卷舌型为隐性遗传。

（4）眼睑　眼睑性状受单基因座（E-e）的控制。眼睑即眼皮，可分为单层和双层，俗称单眼皮和双眼皮，见图 28-1。一般认为双眼皮为显性性状，单眼皮为隐性性状。关于这类性状的遗传方式，目前尚无定论。

（5）前额发际　前额发际性状也受单基因控制遗传。有些人的前额正中发际向脑门延伸，形成三角形或 V 形发尖，称为美人尖；有些人前额发际基本上平齐，无美人尖（见图 28-2）。美人尖属常染色体显性遗传，无美人尖属隐性遗传。

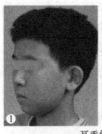
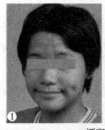

耳垂性状
1为耳垂型，2为无耳垂

酒窝性状
1为有酒窝，2为无酒窝

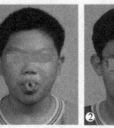

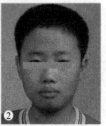

卷舌性状
1为卷舌型，2为非卷舌型

眼睑性状
1为双眼皮，2为单眼皮

图 28-1　人类头部 4 对相对性状表现图

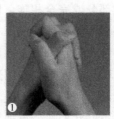
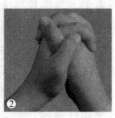

前额发际
1为有美人尖，2为无美人尖

扣手性状
1为右型，2为左型

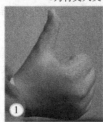
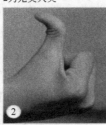
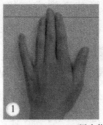
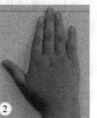

拇指类型
1为拇指直型，2为拇指过伸型

环食指长
1为食指长，2为环指长

图 28-2　人类体表 4 对相对性状对比图

（6）扣手　扣手与交叉臂、惯用手等都属于人类体表左、右不对称行为特征，研究证明扣手与遗传因素有关，在人很小的时候就已固定且不再改变。当人的左、右手交互对叉手指时，若右手拇指在上时感觉习惯称为右型（R 型），是显性性状（图 28-2）；若左手拇指在上时感觉习惯则称为左型（L 型），属隐性性状。

（7）拇指类型　人的拇指指间关节活动性状也受单基因控制遗传。当某人的拇指指间关节尽力后伸时，从侧面观察拇指远端关节与拇指垂直轴线形成的角度，若角度小于 30°则称为拇指直型（S 型），属于显性遗传；若角度大于30°则称为拇指过伸型（H 型），属于隐性遗传，见图 28-2。

（8）环食指长　有研究认为环食指长属于伴 X 染色体单基因遗传，环指（无名指）与食指之间的关系与性别有关。食指长于环指称食指长（I 型），为显性性状；若环指长于食指则称环指长（R 型），为隐性性状。见图 28-2。

（9）发式与发旋　发式与发旋性状也都是单基因遗传性状。人类的发式有卷发和直发两种基本类型，卷发为显性性状，直发为隐性性状，表现为不完全显性遗传。发旋是指每个人头顶稍后方的中线处都有一个或几个螺纹，其螺纹的旋向受遗传基因控制。螺纹旋向为顺时针方向者称顺旋，属常染色体显性遗传；若螺纹旋向为逆时针方向则称逆旋，属隐性性状。

（10）叠舌　叠舌性状受单基因座位遗传控制。有些人的舌前部能向上、向后折返，甚至能与舌面相贴，称为叠舌，有些人则不能，称为非叠舌；叠舌是隐性性状，非叠舌是显性性状。研究认为，叠舌与卷舌分别受 1 对等位基因控制，叠舌基因与卷舌基因之间存在基因互作，而不是自由组合，也有人认为叠舌基因与卷舌基因是相互独立的。

2. 调查群体的性状表现

调查并记录各性状的遗传表现，并将结果填入调查结果统计表中（表28-1）。如调查中发现家族性疾病应做深入调查，记录疾病症状，并收集数据以供分析。

3. 遗传分析

根据所调查群体的性状统计结果，计算群体的基因频率和基因型频率，并判断调查群体是否处于遗传平衡。其分析方法如下：

假设某一基因位点上有一对等位基因 A 和 a，它们在群体中出现的频率分别为 p 和 q；基因型 AA、Aa 和 aa 在群体中出现的频率分别为 D、H 和 R，如果这个群体（D，H，R）是完全随机交配的，那么这一群体的基因型频率和等位基因频率的关系是：

$$D = p^2 \qquad H = 2pq \qquad R = q^2 \qquad D + H = p^2 + 2pq$$

无论一个基因位点上有几个等位基因，只要这个群体是随机交配的，等位基因频率就很难发生变化，物种就能保持相对的稳定，它们在群体中的遗传变化规律都遵循 Hardy-Weinberg 平衡定律。据此我们可以对人类群体进行等位基因频率的遗传分析。

对于调查家系的性状或遗传疾病，可绘制系谱图进行分析。

表 28-1　人类质量性状的调查结果统计表

人类质量性状	显性		隐性	
	人数	百分数/%	人数	百分数/%

【要点及注意事项】

（1）调查过程中要实事求是，不能弄虚作假、编造数据。

（2）选择的群体最好是一些具代表性的区域性人群，调查结束后对该群体进行一些群体遗传分析与比较总结。

（3）对所调查的质量性状的识别一定要准确。

【作业及思考题】

（1）什么是性状？质量性状和数量性状的差异是什么？

（2）何为遗传病？人类主要有哪些单基因遗传病和多基因遗传病？

（3）估算所调查性状的等位基因频率和基因型频率，并推算出显性表型中纯合体与杂合体的比例，分析该群体是否为平衡群体。

（4）选择几个单基因性状对自己家族或别人家族进行调查，画出相应的系谱图加以分析，撰写出调研报告。

【参考文献】

[1]　牛炳韬，孙英莉.遗传学实验教程［M］.兰州：兰州大学出版社，2014.

[2]　闫桂琴，王华峰.遗传学实验教程［M］.北京：科学出版社，2010.

[3]　卢龙斗，常重杰.遗传学实验技术［M］.北京：科学出版社，2007.

[4]　赵凤娟，姚志刚.遗传学实验［M］.第2版.北京：化学工业出版社，2016.

（唐文武　陈刚）

实验二十九　植物多倍体的诱发与鉴定

【实验目的】

(1) 了解人工诱发多倍体植物的原理、方法及其在植物育种上的意义；

(2) 观察多倍体植物，鉴别植物染色体数目的变化及引起植物其他器官的变异。

【实验原理】

自然界各种生物的染色体数目是相当恒定的，这是物种的重要特征。遗传学上把二倍体生物一个配子的染色体数称为染色体组（或称基因组），用 n 来表示。如玉米染色体组内包含 10 个染色体，它的基数 $n = 10$。一套染色体组内每个染色体的形态和功能各不相同，但又相互协调，共同控制生物的生长、发育、遗传和变异。

由于生物的来源不同，细胞核内可能具有一套或一套以上染色体组。含有一套染色体组的生物体叫作单倍体（n），具有两套染色体组的生物体称为二倍体（$2n$），细胞内多于两套染色体组的生物体称为多倍体，如三倍体（$3n$）、四倍体（$4n$）、六倍体（$6n$）。其中，增加的染色体组来自同一物种或是原来的染色体组加倍的结果，称为同源多倍体；增加的染色体组来自不同物种，则称为异源多倍体。在自然条件下，机械损伤、射线辐射、温度骤变及其他一些化学因素刺激，都可以使植物材料的染色体加倍，形成多倍体种群。近几十年来，主要采用物理方法（高温，低温，X 射线照射，嫁接或切断）或化学药剂处理法（植物碱，麻醉剂，植物生长激素等）进行人工诱发，形成了不少有价值的人工多倍体种群。其中秋水仙素处理是诱发多倍体植物最有效的方法之一。

秋水仙素是从百合科植物秋种番红花——秋水仙（*Colchicum autumnale* L.）的种子及器官中提炼出来的一种生物碱。化学分子式为 $C_{22}H_{25}O_6N$。它具有麻醉作用，对植物种子、幼芽、花蕾、花粉、嫩枝等可产生诱变作用。它的主要作用是抑制细胞分裂时纺锤体的形成，使染色体向两极的移动被阻止，从而停留在分裂中期，但染色体的复制不受影响，这样细胞不能继续分裂，从而产生染色体数目加倍的细胞核。当药剂的作用消除后，若染色体加倍的细胞继续分裂，就形成多倍性组织。由多倍性组织分化产生的性细胞，可通过有性繁殖方法把多倍体繁殖下去，则产生新的多倍体植株。

细胞核内染色体组加倍以后，常带来一些形态和生理上的变化，如巨大性、抗逆性增强等。一般多倍体细胞的体积、气孔保卫细胞都比二倍体大，叶子、果实、花和种子的大小也随加倍而递增。从内部代谢来看，由于基因剂量加大，一些生理生化过程也随之加强，某些代谢物的产量比二倍体增多。由于多倍体植物具有巨大性、不育性、代谢产物增多和抗逆性加强等特点，给生产、生活带来了很大的经济价值，因此，多倍体广泛应用于植物育种领域，如三倍体西瓜、三倍体甜菜、八倍体小黑麦等已在生产上广泛应用。

多倍体的鉴定可分直接鉴定和间接鉴定。直接鉴定是将经过秋水仙素溶液处理的根尖、茎尖进行染色体计数，观察其细胞染色体数目是否加倍。间接鉴定是根据多倍体植株外部形态变化的主要特征是巨大性这一点提出的。其中以检查细胞中染色体数目的方法最确切，将花粉粒和气孔的增大作为染色体数目加倍的辅助性指标。

【实验用品】

1. 实验材料

玉米（*Zea mays*，$2n = 20$）、洋葱（*Allium cepa*，$2n = 16$）、大麦（*Hordeum vulgare*，$2n = 14$）、大蒜（*Allium sativum*，$2n = 16$）等植物材料。

2. 实验器具

显微镜、目镜测微尺、镜台测微尺、刀片、解剖针、广口瓶、镊子、烧杯、培养皿、载玻片、盖玻片、滤纸、纱布、酒精灯、吸水纸等。

3. 试剂

卡诺固定液、秋水仙素1％母液（可配制稀释液）、45％冰乙酸、1mol/L盐酸、卡宝品红染液、浓盐酸、1％龙胆紫水溶液、70％酒精、0.1％～0.2％升汞、0.1％硝酸银染液、1％碘化钾、蒸馏水等。以上试剂的配制方法见附录2、附录3。

【实验步骤】

1. 诱发多倍体

（1）洋葱根尖多倍体的诱发　选取底盘大的洋葱鳞茎作生根材料，剥去外层老皮，用刀削去老根（注意不要削掉四周的根芽）。将洋葱放在盛水的烧杯上，让洋葱的底部接触杯内的水面，将其放进25℃培养箱内培养3～5天。培养时注意每天换水 1～2 次，防止烂根。

待根长约 2cm 时，将洋葱放在盛有 0.1％秋水仙素溶液的瓶盖或小烧杯上，避光处理约 2 天，可看到根尖膨大（可把秋水仙素溶液加倍处理后的洋葱再水培 24h，根尖会变得更肥大）。将已膨大的根尖剪下，采用卡诺固定液，固定 4～6h。然后按有丝分裂制片方法进行制片观察。

（2）种子的处理诱发　该方法适用于发芽较快的植物，对不同种子视其不同的生理特点，可采用不同的处理措施。如以大麦种子为例，先将大麦干燥种子用 0.1％～0.2％升汞（$HgCl_2$）消毒 8～10min，用水冲洗干净，再用 0.1％秋水仙素溶液在 20～25℃下浸泡 24～36h，然后将种子散放在底部铺有滤纸的盛有 0.05％秋水仙素溶液的培养皿中，为了避免水分蒸发可加盖。并以清水培养作为对照。种子萌发后，应继续处理 24h。处理后，用清水冲净种子上的残液，再播种在土壤中。处理适度的种子比对照组发芽稍慢，种子膨大，从形态上可初步区分出加倍是否成功。

（3）幼苗植株的处理诱发　对于种皮厚、发芽慢的种子，先催芽后处理幼苗效果更好。由于秋水仙素只对分生组织中的分裂细胞发生作用，因此，一般处理部位是茎尖或顶端新发育的顶芽、侧芽。不同植物的幼苗由于生长点的差异，应采取不同的诱变方法。

① 对于生长点暴露在外边的双子叶植物，可直接用适宜浓度的秋水仙素溶液浸泡生长点。

② 对于生长点包藏的单子叶植物，必须在幼苗长出 3～5 片真叶（或分蘖盛期）时，把苗挖出，洗净根部，用刀片在幼茎距长根地方约 1～2mm 处切深 2～3 个叶鞘的伤口，再浸入 0.03％～0.05％秋水仙素药液内处理 3～4 天，处理时室温不要过高，并保持溶液的浓度。

③ 处理芽：处理成株的顶芽、腋芽的生长点时，一般采用将蘸有 0.1％～0.4％浓度的秋水仙素的棉球涂抹生长点，或将蘸有秋水仙素的棉球置放于生长点处，1～2 天后拿掉棉球，反复冲洗生长点处的残存药液，待进一步生长后，进行观察和鉴定。

2. 多倍体的鉴定

（1）细胞学鉴定　将已加倍和未加倍（对照）的洋葱根尖组织按有丝分裂方法（见实验七）制片。将制好的标本片置于显微镜下先做低倍观察，再换高倍镜观察，观察其有丝分裂中期的染色体数目（见图 29-1）。

（2）形态鉴定　对玉米的二倍体、四倍体植株进行形态观察，根据多倍体植物器官巨大型特征，分别比较鉴定二倍体和多倍体在形态上的主要差异。

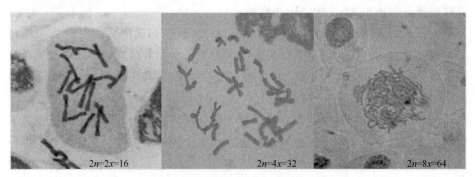

$2n=2x=16$ $2n=4x=32$ $2n=8x=64$

图 29-1 洋葱多倍体根尖细胞中期染色体数目比较

(3) 气孔鉴定 将同源多倍体植物叶片（如玉米幼苗）背面中部划一切口，用镊子夹住切口部分，撕下一薄层的下表皮组织，用 1‰龙胆紫（配制方法见附录 2）染色 1～2min，用水冲洗，用镊子将下表皮的正面置于载玻片上，加盖玻片，即成叶表皮细胞制片。

① 将叶表皮细胞的制片放在显微镜下，镜检比较多倍体和二倍体的气孔保卫细胞的大小。用目镜测微尺量气孔保卫细胞的长和宽（占目镜测微尺格数），然后从所测格数推算保卫细胞的实际长和宽（以镜台测微尺校正目镜测微尺），校正时，使两种测微尺的"0"点重叠起来，计数两种测微尺正对的小格数，即可得出：

$$目镜测微尺每格长度(\mu m)=\frac{镜台测微尺格数\times 10}{目镜测微尺格数}$$

重复 10～20 个气孔，算出保卫细胞长和宽的平均值。

② 单位面积上气孔数目的测定：将叶片表皮制片于显微镜下检视，计算每视野中的气孔数，移动制片重复 10 次，求平均值（视野面积的计算，用目镜测微尺量视野直径，按公式 $S=\pi r^2$ 求算视野面积，得每平方毫米叶面积的气孔数）。

③ 保卫细胞内叶绿体数目的测定：取叶下表皮于载玻片上，滴加 0.1‰硝酸银溶液数秒后，加盖玻片，在显微镜下观察保卫细胞内的叶绿体数目。

(4) 花粉粒的鉴定 从同源多倍体和二倍体植株上采集花粉放入 45％乙酸中，用滴管各吸取一滴花粉粒悬浮液分别放到载玻片上，加入 1％碘化钾溶液，盖上盖玻片制成花粉粒制片，然后镜检。观察同源多倍体和二倍体花粉形态大小是否整齐、有无畸形。若大小差异不明显时，可用目镜测微尺分别测定 20 个花粉粒大小，求平均值。

【要点及注意事项】

（1）秋水仙素为剧毒药品，实验中应避免将药品沾到皮肤、眼睛中。如果沾到皮肤上，应用大量自来水冲洗。

（2）秋水仙素的处理时间应根据供试材料的细胞周期而定，当处理时间介于供试材料细胞周期的一倍到二倍之间，可观察到细胞由二倍体变为四倍体，当处理时间多于供试材料细胞周期的两倍以上时，供试材料的细胞可从四倍体变为八倍体，因此，在培养多倍体细胞时，应注意秋水仙素的处理时间。此外，秋水仙素的浓度对处理效果也有影响，应注意掌握。

（3）多倍体细胞中染色体的形态有两种，一种为染色体含有一条单体，另一种为染色体含有两条单体，应注意观察，并思考其形成的原因。

（4）用秋水仙素进行多倍体诱发，可采用一次处理和间歇处理两种方法，间歇处理可获得良好的多倍体诱发效果。

【作业及思考题】

（1）将四倍体、二倍体玉米表皮细胞的气孔鉴定相关数据列入表 29-1 中，并对比分析。

表 29-1　植物表皮细胞测定记录表

倍数性	保卫细胞			每平方毫米气孔数	染色体数	花粉粒大小形态
	长/μm	宽/μm	叶绿体数目			
二倍体						
四倍体						

（2）请描述四倍体、二倍体玉米外部器官的形态特征差异。

（3）自然界的多倍体是如何发生的？

（4）论述秋水仙素诱导染色体数目加倍的作用机制。

【参考文献】

[1] 卢龙斗，常重杰.遗传学实验技术［M］.北京：科学出版社，2007.

[2] 赵凤娟，姚志刚.遗传学实验［M］.第 2 版.北京：化学工业出版社，2016.

[3] 仇雪梅，王有武.遗传学实验［M］.武汉：华中科技大学出版社，2015.

[4] 闫桂琴，王华峰.遗传学实验教程［M］.北京：科学出版社，2010.

（陈兆贵　吴秀兰）

【实验目的】

（1）掌握 SSR 分子标记的基本原理和操作方法；

（2）掌握聚丙烯酰胺凝胶电泳的方法；

（3）掌握植物真假杂交种子的分子鉴定方法。

【实验原理】

简单重复序列（simple sequence repeat，SSR）又称微卫星 DNA，是一类由 2～6 个碱基组成的串联重复 DNA 序列。SSR 序列的长度较短但广泛分布在植物染色体上，由于重复的次数不同或重复程度的不完全相同，造成了 SSR 长度的高度变异性，由此产生 SSR 标记。SSR 标记技术是根据 SSR 两侧的保守序列设计引物进行 PCR 扩增，由于不同品种 SSR 基序的重复次数不同，导致 PCR 扩增条带差异性，即简单重复序列长度多态性（simple sequence length polymorphism，SSLP），SSLP 很容易通过 PCR 快速扩增和聚丙烯酰胺凝胶电泳检测到。SSR 标记技术因具有多态性高、共显性遗传和对 DNA 质量要求不高等特点而被广泛应用于遗传多样性分析、基因定位、构建遗传连锁图谱、作物品种鉴别等各个领域。

植物真假杂交种子鉴定在农业生产上具有重要的意义，其鉴定方法包括传统的田间鉴定、同工酶鉴定和分子标记技术，其中分子标记是最为准确和可靠的鉴定方法，可用于植物种子纯度鉴定的分子标记主要有 RFLP、RAPD、SSR、AFLP 和 ISSR 标记等。各种分子标记检测方法存在一定的差异，本实验主要以 SSR 分子标记为例说明分子标记检测的原理和方法。

【实验用品】

1. 实验材料

水稻（玉米）亲本和杂交种子。

2. 实验器具

高速冷冻离心机、高压灭菌锅、恒温水浴锅、核酸蛋白分析仪、紫外分光光度计、制冰机、电泳仪、凝胶成像系统、紫外观测仪、冰箱、电子天平、液氮罐、移液器、pH 计、冰盒、Eppendorf 管、研钵、制胶板、制胶槽、电泳槽、点样板、三角瓶等。

3. 试剂

（1）DNA 提取相关试剂　CTAB 提取液（配制方法见附录 6）、氯仿-异戊醇（24∶1）、70％乙醇、无水乙醇、琼脂糖、TE 溶液。

（2）PCR 反应试剂盒　包括 *Taq* 聚合酶、10×PCR 缓冲液、dNTPs、SSR 引物（表 30-1）、DNA Marker（DL2000）、6×上样缓冲液（loading buffer），可购于生物技术公司。

（3）聚丙烯酰胺凝胶电泳及染色相关试剂　丙烯酰胺、亚甲基双丙烯酰胺、甲醛、四甲基乙二胺（TEMED）、硝酸银、NaOH、尿素（分析纯）、冰乙酸、硫代硫酸钠、过硫酸铵，配制方法见附录 2 和附录 6。固定液/终止液为 10％的冰乙酸。固定液配制：混合 2g 硝酸银，3mL 的 37％甲醛于 2L 预冷的蒸馏水中，现用现配。显影液：在 2L 预冷的蒸馏水中溶解 60g 碳酸钠，冷却至 10～12℃，临用前加入 4mL 的 37％甲醛，400μL 硫代硫酸钠（10mg/mL）。

表 30-1　可用于杂交水稻种子鉴定的部分 SSR 引物序列

引物	染色体	引物序列	
		F 端引物	R 端引物
RM1	1	GCGAAAACACAATGCAAAA	GCGTTGGTTGCACCTGAC
RM10	7	TTGTCAAAGAGGAGGCATCG	CAGAATGGGAAATGGGGTCC
RM17	12	TGCCCTGTTATTTTCTCTC	GGTGGACCTTTCCCCATTTCA
RM101	12	GTGAATGGTCAAGTGGACT-TAGGTGGC	ACACAACATGTTCCCTC-CCATGC
RM110	2	TCGAAGCCATCCACCAACGAAG	TCCGTACGCCGACGAG-GTCGAG
RM136	6	GAGAGCTCAGGCTGCTGC-CTCTAGC	GGGAGCGCCACGGTGTACGCC
RM212	1	CCACTTTCAGCTACTACTACCAG	CACCCATTGTCTCTCATTAG
RM267	5	TGCAGACATAGAGAAGGAAGTG	AGCAACAGCACAACTT-GAATG
RM310	8	CCAAAACATTTAAAATATCATG	GCTTGTTGGTCATTACCTTTC
RM336	7	CTTACAGAGAAACGGCATCG	GCTGGTTTCAGGTTCG

【实验步骤】

1. 植物 DNA 提取（以水稻 CTAB 法为例）

（1）材料准备，将水稻亲本和 F_1 代种子发芽一周后取幼苗进行 DNA 提取。

（2）取少量水稻幼苗（叶片），用蒸馏水洗净，放研钵中加 $800\mu L$ $65℃$ 预热的 $2\times CTAB$ 提取液，充分研磨。

（3）将粗提液装入 2.0mL 的离心管中，置 $65℃$ 水浴锅中温育 30min，轻摇离心管。

（4）将离心管取出，冷却至室温，加入等体积（约 $800\mu L$）氯仿-异戊醇（24:1）。

（5）将离心管上下颠倒几次，装入离心机中（注意平衡），以 10000r/min 转速离心 10min。

（6）缓慢吸取上清液，转入另一离心管［如杂质较多，可重复第（3）～（4）步骤］。再加入 0.7 体积（约 $600\mu L$）的异丙醇，轻轻颠倒几次，可见白色的 DNA 絮状沉淀。

（7）将离心管在 6000r/min 下离心 3min。弃上清液。

（8）往离心管中加入 1mL 70％的乙醇进行清洗，然后倒出乙醇。

（9）待 DNA 在室温中干后，加 $200\mu L$ TE 或双蒸水，$-20℃$ 冰箱中保存。

2. 紫外分光光度计法检测 DNA 纯度

（1）取 20mL 提取的水稻 DNA，加入 1980mL 蒸馏水对待测 DNA 样品做 1:100（或更高倍数）的稀释；蒸馏水作为空白，在波长 260nm、280nm 处调节紫外分光光度计读数至零。

（2）加入 DNA 稀释液，测定 260nm 及 280nm 的吸收值。260nm 读数用于计算样品中核酸的浓度，根据在 260nm 和 280nm 的比值（OD_{260}/OD_{280}）估计核酸的纯度。

（3）记录 OD 值，通过计算确定 DNA 浓度或纯度，公式如下：

$$dsDNA(\mu g/mL)=50\times OD_{260}\times 稀释倍数$$

3. 引物筛选和 PCR 检测

（1）引物筛选 用水稻 12 条染色体中的 SSR 引物（部分引物见表 30-1）对杂交组合及亲本多态性进行筛选，只有在亲本中能检测到有多态性的引物才能用于杂交种子纯度鉴定。

（2）加入 PCR 反应液 PCR 反应按以下步骤进行，在反应总体积 $20\mu L$ 的 PCR 管中，利用移液枪分别加入下列体积的 PCR 成分：

0.2μL	dNTP（10mmol/L）
2.0μL	10×PCR 缓冲液（含 15mmol/L MgCl₂）
2.0μL	模板 DNA
1.5μL	引物 F（2μmol/L）
1.5μL	引物 R（2μmol/L）
12.8μL	ddH₂O

最后加入 0.1μL 的 *Taq* 酶（5U/μL），混匀后，放入 PCR 仪。

（3）PCR 反应程序：PCR 反应程序设计如下：

94℃，预变性 5min

94℃，变性 30s
55℃，退火 30s ⎫ 30 个循环
72℃，延伸 45s ⎭

72℃，延伸 5min

4℃，保温

4. 聚丙烯酰胺凝胶电泳检测

（1）清洗电泳制胶装置　先用洗涤剂清洗长、短玻璃板及间片，然后用自来水冲洗干净，再用无水酒精擦洗一次，晾干。然后按使用说明将制胶装置装好。为了防止漏胶，底部可用 1‰琼脂糖封底胶封好，待凝固后开始灌胶。

（2）灌胶　本实验一般使用 6％的聚丙烯酰胺变性凝胶（配方见表 30-2）。先将其他成分混好，在灌胶前在凝胶溶液中加入四甲基乙二胺（TEMED）以及 10％过硫酸铵，混匀立即灌胶。将配制好的溶液沿玻璃板的前端轻轻灌入，应避免产生气泡。待胶灌满后迅速插入梳子，静置 2h 左右，让聚丙烯酰胺凝胶聚合凝固。

表 30-2　6％的聚丙烯酰胺变性凝胶配方

凝胶浓度	6％
尿素（分析纯）	16.8g
10×TBE	4mL
40％丙烯酰胺胶存储液（Acrylannde/Bis 为 19/1）	6mL
加超纯水至	40mL

（3）电泳装置及上样前准备　待凝胶凝固后，小心拔出梳子，连同装胶板一起装到电泳槽中，加适量的 1×TBE 电泳缓冲液到上、下电泳槽中，然后利用移液枪冲走点样孔中的尿素溶液。点样前，5μL PCR 产物与 2μL 上样缓冲

液混合。

（4）上样　用注射器或移液器将已混合的样品点到点样孔中，每次点样为 5μL 左右，同时在两边的点样孔点上 DNA Marker。

（5）电泳　点样完毕，接上电源，100V 恒压电泳 2h。

（6）银染

① 漂洗：电泳结束后取下胶板，自来水冲洗玻璃板双面，预冷，将凝胶从玻璃板中取出，用蒸馏水漂洗 2 次。

② 银染：将凝胶转入 1g/L 硝酸银溶液中，轻轻摇动 10～20min。

③ 显色：凝胶用蒸馏水漂洗 1 次后，转入显色液中（12～15g 氢氧化钠，定容至 1L，使用前加入 4mL 甲醛），边摇边观察，直至带条清晰。

④ 固定凝胶：在显影液中直接加入等体积的固定/终止液。停止显影反应，固定凝胶。

⑤ 浸洗：在超纯水中浸洗凝胶两次，每次 2min，注意在本操作中戴手套拿着胶板边缘，避免在胶上印上指纹。

⑥ 读带及结果分析：可直接在胶上进行读带和照相。如果长时保存凝胶，可用保鲜膜包好，放入冰箱。

【要点及注意事项】

（1）本实验涉及内容较多，请大家认真阅读有关资料，掌握实验原理。

（2）本实验所用的一些试剂具有一定的毒性，请大家注意安全。

（3）本实验所用时间较长，部分实验内容同学们可以另外安排实验进行。

【作业及思考题】

（1）应用 SSR 技术检测植物杂交种子纯度应注意哪些因素？

（2）检测植物杂交种子纯度在生产上有什么作用？

【参考文献】

[1] 赵凤娟，姚志刚. 遗传学实验 [M]. 第 2 版. 北京：化学工业出版社，2016.

[2] 徐秀芳，张丽敏，丁海燕. 遗传学实验指导 [M]. 武汉：华中科技大学出版社，2013.

[3] 卢龙斗，常重杰. 遗传学实验技术 [M]. 北京：科学出版社，2007.

[4] 牛炳韬，孙英莉. 遗传学实验教程 [M]. 兰州：兰州大学出版社，2014.

（陈兆贵　吴秀兰）

附　录

附录1　果蝇培养基的配制

果蝇的成虫和幼虫是以酵母菌作为主要食料的，所以实验室内凡是能发酵的基质，都可作为果蝇培养基或饲料的原料成分。实验室常用的果蝇培养基有玉米培养基、米粉培养基和香蕉培养基等（附表1-1）。

附表 1-1　果蝇培养基配方

成分	果蝇培养基		
	玉米培养基(200mL)	米粉培养基(100mL)	香蕉培养基(100mL)
蒸馏水/mL	200	100	50
琼脂/g	1.5	2.0	1.6
蔗糖/g	13.0	10.0	—
香蕉浆/g	—	—	50.0
玉米粉/g	17.0	—	—
米粉/g	—	8.0	—
麸皮/g	—	8.0	—
酵母粉/g	1.4	1.4	1.4
丙酸/mL	1.0	1.0	0.5～1.0

1. 玉米粉培养基

（1）称取 1.5g 琼脂粉加入 100mL 蒸馏水中，加热搅拌煮沸，使其充分溶解，再加入 13.0g 白糖搅拌溶解。

（2）另称取 17.0g 玉米粉加入 100mL 蒸馏水中，加热搅拌成糊状，然后加入上一步配制好的混合物，煮沸 3～5min，要不断搅拌，以防沉积物烧焦。

（3）待稍降温后加入 1.4g 酵母粉和 1.0mL 丙酸（或溶于 95％乙醇的苯甲酸），搅拌调匀后，趁热分装于已灭菌的培养瓶中。按上述方法，可配制玉米粉培养基约 200mL。

2. 米粉培养基

配制方法与玉米粉培养基基本相同。称取 2.0g 琼脂粉加入 100mL 蒸馏水中，加热煮沸溶解后再加入 10.0g 白糖、8.0g 米粉（或麸皮），不断搅拌煮沸数分钟。稍降温后加入 1.4g 酵母粉和 1.0mL 丙酸，调匀后趁热分装到培养瓶中。按此方法，可配制米粉培养基约 100mL。

3. 香蕉培养基

将熟透的香蕉捣碎，制成约 50.0g 的香蕉浆，同时称取 1.6g 琼脂粉加入 50mL 蒸馏水中煮沸，溶解后加入香蕉浆，继续煮沸 3～5min。待混合物稍降温后加入 1.4g 酵母粉和 1.0mL 丙酸，充分调匀后趁热分装于培养瓶中。

若需临时培养果蝇，可以把已熟透且腐烂的香蕉或苹果，去皮后放入培养瓶中直接作为培养基使用。

附录2　实验室常用染色液的配制

1. 改良苯酚品红（石炭酸品红、卡宝品红）染液

母液 A：称取 3.0g 碱性品红溶解于 100mL 70％乙醇中（可长期保存）。

母液 B：量取 10mL 母液 A 加入 90mL 5％苯酚水溶液中混匀（此液限于 2 周内使用）。

苯酚品红染液：量取 45mL 母液 B，加入 6mL 冰乙酸和 6mL 37％甲醛，混合均匀。

改良苯酚品红染液：量取 20mL 苯酚品红染液，加入 180mL 45％冰乙酸中，然后加入 3.6g 山梨醇，溶解混匀，室温下静置 2 周后可长期使用，贮存于棕色瓶中。

由于苯酚品红染液含甲醛较多，可使原生质体硬化而保持其固有形态，因此适合于植物细胞原生质体培养中的核分裂和细胞核染色。也正因为其甲醛含量较多，不能使细胞组织软化，所以不太适合植物细胞组织的染色体压片染色。

改良苯酚品红染液普遍适用于植物细胞组织的染色体压片染色。此液刚配制后可立即使用，但染色较差，放置 2 周后染色能力显著增强，而且放置时间越久，染色效果越好。

2. 乙酸洋红染液

量取 45mL 冰乙酸，加入盛有 55mL 蒸馏水的三角瓶中，加热至沸后移走火源，慢慢加入 1g 洋红粉末（防止溅沸），并不断搅拌使其溶解，然后再加热煮沸 1～2min，待冷却后加入 2％硫酸亚铁（铁矾）溶液数滴，直到染液变为暗红色不产生沉淀为止。或者用一根细线悬一枚生锈的小铁钉完全浸入染液中，过 1min 取出。染色液中含少量亚铁离子，可明显增强洋红的染色能力。染液配好后室温下静置 12h，然后过滤，滤液贮存于棕色瓶中，避免阳光直射。

3. 苏木精染液

称取 0.5g 苏木精，加入 10mL 95％乙醇中使其溶解，再加入 90mL 蒸馏水。此液需经 1～2 个月的氧化成熟。在瓶口盖数层纱布或塞一棉塞以保持通气。使用时过滤。此液可直接使用或用蒸馏水稀释一倍后使用，亦可反复使用数次（每次均需过滤）。若急用，临时配制时可加入碘酸钠使其氧化成熟。0.5g 苏木精需配加 0.1g 碘酸钠，溶解后可使用。

4. 席夫（Schiff）试剂

称取 0.5g 碱性品红，加入 100mL 煮沸的蒸馏水中，边搅拌边加热，使其充分溶解。在溶液冷却到 50℃时过滤，滤液中加入 10mL 1mol/L 的盐酸。在冷却至 20～25℃时，加入 0.5g 偏重亚硫酸钠（$Na_2S_2O_5$）或无水亚硫酸氢钠（$NaHSO_3$）。把溶液盛入棕色瓶内，置于黑暗中 12～24h。此时染液应呈淡黄色或白色，若颜色过深可加入适量活性炭，轻摇 1min，过滤后在棕色瓶内贮存于暗处。在使用时勿让染液长时间暴露在空气或光下（瓶外最好用黑纸遮光）。如染液变成红色，则失去染色能力。

5. 龙胆紫染液

量取 30mL 冰乙酸加热至 40℃，加入 0.75g 龙胆紫，搅拌溶解，然后加入 70mL 蒸馏水，过滤后贮存于棕色瓶内。

6. 乙酸-铁矾-苏木精染液

称取 0.5g 苏木精溶于 100mL 的 45％冰乙酸中，用前取 3～5mL，用 45％冰乙酸稀释 1～2 倍，加入铁矾饱和液（溶于 45％乙酸中）1～2 滴，染色液由棕黄色变为紫色，应立即使用，不能长期保存。

7. 硫堇紫染液

硫堇紫原液：称取 1g 硫堇溶解于 100mL 50％乙醇中。

Michaelis 缓冲液（pH5.7）：称取 9.7g 乙酸钠（$CH_3COONa \cdot 3H_2O$）和 14.7g 巴比妥钠依次溶于 500mL 煮沸后的蒸馏水中。

硫堇紫染液：量取 28mL Michaelis 缓冲液和 32mL 0.1mol/L 盐酸，再加入硫堇原液 40mL，混匀。

8. MacIlvaine's 缓冲液（pH6.0）

A 液：称取 21.0g 柠檬酸（$C_6H_8O_7 \cdot H_2O$），溶于 1000mL 蒸馏水中，即得到 0.1mol/L 柠檬酸溶液。

B 液：称取 71.6g 磷酸氢二钠（$Na_2HPO_4 \cdot 12H_2O$），溶于 1000mL 蒸馏水中，即得到 0.2mol/L 磷酸氢二钠溶液。

工作液：量取 A 液 73.3mL，与 B 液 126.7mL 混合（以 200mL 计），即可得 pH6.0 的 MacIlvaine's 缓冲液。

9. 盐酸喹吖因染液

称取 0.05g 盐酸喹吖因，溶于 10mL MacIlvaine's 缓冲液，即为 0.5％盐酸喹吖因荧光染液。贮存于棕色瓶，于 4℃冰箱中保存。

附录3　实验室常用试剂的配制

1. 卡诺（Carnoy）固定液

无水乙醇 3 份，冰乙酸 1 份，两者混合，适用于植物细胞的固定。也可以无水乙醇 6 份，三氯甲烷 3 份，冰乙酸 1 份，三者混合，适用于动物细胞的固定。

2. 乙酸甲醇固定液

冰乙酸 1 份，甲醇 3 份，两者混合即可。

3. 1mol/L 盐酸溶液

取浓盐酸（相对密度 1.19）82.5mL，用蒸馏水定容至 1000mL，即为 1mol/L 的盐酸溶液。

4. 2mol/L NaOH 溶液

称取 8g 氢氧化钠加入约 80mL 蒸馏水中，缓慢加入，边加边搅拌。待氢氧化钠完全溶解后，用蒸馏水定容至 100mL，室温保存。

5. 5mol/L NaCl 溶液

称取 29.2g 氯化钠溶于约 80mL 蒸馏水中，定容至 100mL，室温保存。

6. 0.1mol/L CaCl₂ 溶液

称取 11.1g $CaCl_2$，加入去离子水并定容至 1000mL，即配成 0.1mol/L $CaCl_2$ 溶液。

7. 1mol/L 氯化钾溶液

称取 7.46g 氯化钾（KCl）溶于约 80mL 蒸馏水中，再加水定容到 100mL。

8. 5mol/L 乙酸钾溶液（pH4.8）

称取 29.4g 乙酸钾（CH_3COOK）溶于 60mL 蒸馏水中，溶解后再加入 115mL 冰乙酸及 28.5mL 蒸馏水，即为 5mol/L 乙酸钾溶液。

9. 1%秋水仙素溶液

称取 1g 秋水仙素粉末，溶于少量无水乙醇中，加入蒸馏水定容至 100mL，即配成 1%秋水仙素母液。用棕色瓶（再用黑纸包装）贮存于 4℃冰箱中。使用时所需各浓度的秋水仙素溶液用蒸馏水稀释母液即可。

10. 0.002mol/L 8-羟基喹啉水溶液

称取 0.29g 8-羟基喹啉，加入蒸馏水定容至 100mL，即配成 0.002mol/L 的 8-羟基喹啉水溶液。

11. 0.01%DEPC 处理水

量取 1L 的去离子水，加入 DEPC 0.1mL，搅拌均匀（或静置）过夜，高温高压灭菌 30min。

12. 0.75mol/L 柠檬酸钠（pH7.0）

称取柠檬酸钠 22.06g，加 ddH_2O 70mL，然后加 ddH_2O 定容至 100mL，进行高温高压灭菌，备用。

13. 2mol/L 乙酸钠（pH4.0）

称取乙酸钠（M_W136.1）19g，ddH_2O 40mL，搅拌溶解后，用冰乙酸调 pH 至 4.0。然后加 DEPC 7μL，加 ddH_2O 至 70mL 定容，搅拌过夜，高温高压灭菌。

14. 异硫氰酸胍变性液

量取 ddH_2O 293mL，0.75mol/L 柠檬酸钠（pH7.0）17.6mL，10%十二烷基肌氨酸 26.4mL，称取异硫氰酸胍 250g，在 60℃的温度下搅拌溶解，定

容后放置在室温下即可。贮存液在室温下可贮存 3 个月。然后量取贮存液 100mL，β-巯基乙醇（14.3mol/L）700μL，混匀后放置在室温下。在室温下可贮存 1 个月。

15. 常用生理盐水溶液

0.65％生理盐水：称取氯化钠 6.5g，加入蒸馏水并定容至 1000mL。

0.75％生理盐水：称取氯化钠 7.5g，加入蒸馏水并定容至 1000mL。

0.85％生理盐水：称取氯化钠 8.5g，加入蒸馏水并定容至 1000mL。

0.9％生理盐水：称取氯化钠 9.0g，加入蒸馏水并定容至 1000mL。

16. 常用洗涤液的配制

配制过程：先将重铬酸钾溶于水（若不能完全溶解，可利用稍后加入浓硫酸时的产热助其溶解），然后缓慢加入浓硫酸，同时缓慢搅拌，若容器温度太高，可停止加入浓硫酸，待降温后继续缓慢加入。配好后盛于密封的玻璃容器中。配方成分见附表 3-1。

附表 3-1　常用洗涤液的配方成分

种类	配方成分		
	重铬酸钾/g	浓硫酸/mL	蒸馏水/mL
强液	63	1000	200
次强液	120	200	1000
弱液	100	100	1000

需特别注意的是，浓硫酸的加入会产生大量的热，因此应选择塑料或陶瓷制品配制洗涤液，以防玻璃器皿遇热破裂。同时，配制过程需戴耐酸手套，保护眼睛和身体裸露部分，避免灼伤。

附录4　生物实验常用培养基的配制

遗传学实验用培养基或试剂都需要灭菌。一般培养基在 0.105MPa（121℃）条件下灭菌 20min；溶液类（如盐溶液、EDTA 溶液等）应在 0.055MPa（111℃）下灭菌 30min，或在 0.07MPa（115℃）下灭菌 20min；葡萄糖、氨基酸、生物素等物质则在 0.055MPa（111℃）下灭菌 20min，而生物活性物质如抗生素、酶溶液以及动物细胞培养基（如 RPMI1640）等则不能用高温高压法灭菌，通常用已灭菌的孔径是 0.22μm 或 0.45μm 的滤膜，在无菌条件下过滤灭菌。本附录介绍大肠杆菌等微生物培养中常用的培养基配制方法如下。

1. LB 培养基（液体）

胰蛋白胨	10.0g
酵母提取物	5.0g
氯化钠	10.0g
蒸馏水定容至	1000mL

调 pH 至 7.2。

在 LB 液体培养基中加入 0.15％的琼脂糖，灭菌后倒平板即为 LB 固体培养基。

2. 肉汤培养基（液体）

蛋白胨	10.0g
牛肉膏	5.0g
NaCl	5.0g
蒸馏水定容至	1000mL

pH7.2。

3. ZE 肉汤培养基（液体）

蛋白胨	10.0g
牛肉膏	5.0g
NaCl	5.0g
蒸馏水定容至	500mL

调 pH 至 7.2。

4. 基本培养基（固体）

葡萄糖	20.0g
琼脂	20.0g
蒸馏水定容至	1000mL

pH7.0。

5. 基本培养基（液体）

葡萄糖	20.0g
蒸馏水定容至	1000mL

pH7.0。

6. 10×A 缓冲液

K_2HPO_4	105g

KH_2PO_4	45.0g
$(NH_4)_2SO_4$	10.0g
柠檬酸钠（$Na_3C_6H_5O_7 \cdot 2H_2O$）	10.0g
蒸馏水定容至	1000mL

pH7.0。

7. 基本固体培养基（MM）

10×A 缓冲液	100mL
20%蔗糖	20mL
1mg/mL VB [1mg/mL VB1（盐酸硫胺素）]	4mL
0.25mol/L $MgSO_4 \cdot 7H_2O$	4mL
琼脂粉	17g
蒸馏水定容至	1000mL

高温高压灭菌后，冷却至50℃左右再补加下列组分：

各种氨基酸（10mg/mL）	4mL
链霉素（50mg/mL）	4mL
卡那霉素（5mg/mL）	4mL
利福平（25mg/mL）	4mL

注：配制利福平时，先用少许甲醇溶解，再加入无菌水定容至所需的量。

8. 无 N 基本培养基（液体）

葡萄糖	20g
三水合柠檬酸钠（$Na_3C_6H_5O_7 \cdot 3H_2O$）	5.0g
$MgSO_4 \cdot 7H_2O$	0.1g
KH_2PO_4	3.0g
K_2HPO_4	7.0g
蒸馏水定容至	1000mL

pH7.0。

9. 2N 基本培养基（液体）

葡萄糖	20g
三水合柠檬酸钠（$Na_3C_6H_5O_7 \cdot 3H_2O$）	5.0g
$MgSO_4 \cdot 7H_2O$	0.1g
KH_2PO_4	3.0g
K_2HPO_4	7.0g
$(NH_4)_2SO_4$	2.0g

蒸馏水定容至	1000mL

pH7.0。

高渗青霉素法所用的 2N 培养基液需再加 20％的蔗糖和 0.2％的硫酸镁。

10. MS 培养基（实验二十四）

大量元素（母液Ⅰ，20×）	mg/L
NH_4NO_3	33000
KNO_3	38000
$CaCl_2 \cdot 2H_2O$	8800
$MgSO_4 \cdot 7H_2O$	7400
KH_2PO_4	3400

微量元素（母液Ⅱ，200×）	
KI	166
H_3BO_3	1240
$MnSO_4 \cdot 4H_2O$	4460
$ZnSO_4 \cdot 7H_2O$	1720
$Na_2MoO_4 \cdot 2H_2O$	50
$CuSO_4 \cdot 5H_2O$	5
$CoCl_2 \cdot 6H_2O$	5

铁盐（母液Ⅲ，200×）	
$FeSO_4 \cdot 7H_2O$	5560
Na_2-EDTA $\cdot 2H_2O$	7460

有机成分（母液Ⅳ，200×）	
肌醇	20000
烟酸	100
盐酸吡哆醇	100
盐酸硫胺素	100
甘氨酸	400

以上各种营养成分的用量，除了母液Ⅰ为 20 倍浓缩液外，其余的均为 200 倍浓缩液。其中，母液Ⅰ、母液Ⅱ及母液Ⅳ的配制方法是：每种母液中的几种成分称量完毕后，分别用少量的蒸馏水彻底溶解，然后再将它们混溶，最后定容到 1L。

母液Ⅲ的配制方法是：将称好的 $FeSO_4 \cdot 7H_2O$ 和 Na_2-EDTA $\cdot 2H_2O$ 分别放到 450mL 蒸馏水中，边加热边不断搅拌使它们溶解，然后将两种溶液混合，并将 pH 调至 5.5，最后定容到 1L，保存在棕色玻璃瓶中。

各种母液配完后，分别用玻璃瓶贮存，并贴上标签，注明母液号、配制倍数、日期等，保存在冰箱的冷藏室中。

附录5 粗糙脉孢霉培养基的配制

1. 微量元素溶液（基本培养基和杂交培养基用）

柠檬酸·H_2O	0.5g
$ZnSO_4 \cdot 7H_2O$	0.5g
$Fe(NH_4)_2(SO_4)_2 \cdot 6H_2O$	0.1g
$CuSO_4 \cdot 5H_2O$	0.025g
H_3BO_3	0.005g
$Na_2MoO_4 \cdot 2H_2O$	0.005g
$MnSO_4 \cdot 4H_2O$	0.005g
蒸馏水定容至	1000mL

2. 基本培养基

KH_2PO_4	5.0g
柠檬酸钠（$Na_3C_6H_5O_7 \cdot 2H_2O$）	3.0g
NH_4NO_3	2.0g
$MgSO_4 \cdot 7H_2O$	0.2g
$CaCl_2 \cdot 2H_2O$	0.1g
10mg/mL 生物素溶液	1.0mL
微量元素溶液	1.0mL
蒸馏水定容至	1000mL

加入 2.0% 蔗糖和 1.5% 琼脂粉，就是固体基本培养基。

3. 杂交培养基

KH_2PO_4	1.0g
KNO_3	1.0g
$MgSO_4 \cdot 7H_2O$	0.5g
$CaCl_2 \cdot 2H_2O$	0.1g
NaCl	0.1g
10mg/mL 生物素溶液	1.0mL

微量元素溶液	1.0mL
蔗糖	20.0g
琼脂粉	15.0g
蒸馏水定容至	1000mL

4. 补充培养基

在基本培养基中补加一种或多种生长物质，如氨基酸、核酸碱基、维生素等。氨基酸的用量一般是在 1000mL，基本培养基中加入 0.05～0.1g。

在粗糙脉孢霉顺序四分子分析实验中，所用的补充培养基是在基本培养基中加入适量的赖氨酸，赖氨酸缺陷型菌株就能良好生长。

5. 马铃薯培养基

将洗净的马铃薯去皮切碎，称取 200g，加入 1000mL 蒸馏水中，煮熟并搅拌成糊状，然后用多层纱布过滤，弃去残渣，滤下的汁中加入 2％琼脂和 2％蔗糖，煮熔后分装到试管中。也可将马铃薯切成黄豆大小的碎块，每支试管放 4～5 块，再加入熔化的琼脂和蔗糖。

上述培养基分装试管后，在 0.055MPa（111℃）条件下灭菌 30min，取出趁热摆成斜面，可代替完全培养基使用。如培养缺陷型菌株，需在灭菌前补加相应的氨基酸。

6. 玉米杂交培养基

将玉米浸泡软化后破碎，每支试管（18mm×180mm）放置 3～4 粒，加入少量含 1％琼脂的蒸馏水，使其浸没玉米粒，然后插入一条折成屏风状的滤纸条（4cm×10cm，插入的一头剪去两个角），加上棉塞或硅胶塞，再高温高压灭菌，不需摆斜面。

附录6　实验室常用分子生物学试剂的配制

1. 10％ SDS（十二烷基硫酸钠）

称取 10g 十二烷基硫酸钠（SDS）慢慢加入约 90mL 蒸馏水中，于 42～68℃加热搅拌直至完全溶解。然后用 1mol/L HCl 调 pH 至 7.2，再用蒸馏水定容至 100mL。

2. 3mol/L 乙酸钠（pH5.2、7.0）溶液

称取 40.8g 乙酸钠（$CH_3COONa \cdot 3H_2O$）溶于约 80mL 去离子水中，加热搅拌溶解，用稀冰乙酸调 pH 至 5.2 或 7.0，再加去离子水定容至 100mL，

高压灭菌，4℃保存。

3. 10mol/L 乙酸铵溶液

称取77.1g乙酸铵加入约80mL去离子水中，充分搅拌溶解，再加去离子水定容至100mL，然后用0.22μm滤膜过滤除菌。密封瓶口，室温保存。乙酸铵受热易分解，不能高温高压灭菌。

4. 苯酚-氯仿-异戊醇

将氯仿与异戊醇按24∶1混合均匀后，再与Tris-HCl平衡酚等体积混合，贮于棕色玻璃瓶中，4℃保存。从核酸样品中除去蛋白质时经常使用苯酚-氯仿-异戊醇（25∶24∶1）混合物。氯仿可使蛋白质变性并有助于水相与有机相分离，异戊醇则有助于消除抽提过程中出现的气泡。

5. CTAB 提取缓冲液

称取4g CTAB、8mL 0.5mol/L的EDTA（pH8.0）、16.38g NaCl和20mL 1mol/L的Tril-HCl缓冲液（pH8.0），加水定容至200mL（室温保存）。使用前每毫升加入2μL的（0.2%）β-巯基乙醇（可抑制多酚氧化）。

6. 10mg/mL 蛋白酶 K（proteinase K）

称取100mg蛋白酶K加入9.0mL去离子水中，轻轻摇动，直至蛋白酶K完全溶解。再加去离子水定容至10mL，分装于Eppendorf管，−20℃保存。

7. 10mg/mL RNA 酶（RNA 酶-free DNase）

称取10mg RNA酶溶于1mL 10mmol/L乙酸钠水溶液中（pH5.0）。溶解后于沸水浴中煮15min，使DNA酶失活。缓慢冷却至室温，再用1mol/L的Tris-HCl调pH至7.5，分装后于−20℃保存。或者100mg RNA酶溶于10mL的10mmol/L Tris-HCl（pH7.5）和15mmol/L NaCl溶液中，沸水浴中煮15min，分装，−20℃保存。配制过程需要戴手套。

8. 20mg/mL X-Gal（5-溴-4-氯-3-吲哚-β-半乳糖苷）

称取1g X-Gal置于50mL塑料离心管中，加入40mL二甲基甲酰胺（DMF），充分溶解后定容至50mL，分装于Eppendorf管并用铝箔包裹后，−20℃保存。

9. IPTG

IPTG（异丙基硫代β-D-半乳糖苷）：取2g的IPTG溶于8mL双蒸水中，定容至10mL，过滤除菌，−20℃保存。

10. 10mg/mL 溴化乙锭（EB）

小心地称取 1g 溴化乙锭，转移到广口瓶中，加入 100mL 蒸馏水，用磁力搅拌器搅拌直到完全溶解后，用 Eppendorf 管分装。或称取 10mg 溴化乙锭，置于 Eppendorf 管中，加入 1mL 蒸馏水，漩涡混合，直至溴化乙锭充分溶解。4℃避光保存。溴化乙锭的最终工作浓度为 $0.5\mu g/mL$。

11. 20×SSC 溶液（3mol/L NaCl＋0.3mol/L 柠檬酸钠）

称取 175.3g 氯化钠和 88.2g 柠檬酸钠，溶于约 800mL 蒸馏水中，用 10mmol/L 氢氧化钠溶液调 pH 值至 7.0，再加蒸馏水定容至 1000mL，分装后高温高压灭菌。

12. T-DNA 溶液

称取 100mg 小牛胸腺 DNA 溶于 10mL 去离子水中，用带针头的注射器反复抽吸，沸水浴中 10min 后，冰浴速冷，－20℃保存备用。使用前沸水浴 10min，冰浴速冷。

13. 预杂交液（用于 Southern 印迹杂交）

20×SSPE	2.5mL
100×Denhardt's 溶液	0.5mL
100%去离子甲酰胺	5.0mL
10mg/mL ssDNA	1.0mL
10%甘氨酸	1.0mL

14. 杂交液（用于 Southern 印迹杂交）

20×SSPE	2.5mL
100×Denhardt's 溶液	0.2mL
100%去离子甲酰胺	5.0mL
10%SDS	0.3mL
50%硫酸葡聚糖钠	2.0mL

附录7　实验室常用缓冲溶液的配制

1. 1mol/L Tris-HCl 缓冲液

称取 121.1g 的 Tris（三羟甲基氨基甲烷），溶于 800mL 去离子水中，按所需 pH 值在搅拌条件下加入相应体积的浓盐酸（11.6mol/L）。见附表 7-1。

附表 7-1　不同 pH 值的 Tris-HCl 缓冲液配制表

pH 值（25℃）	浓 HCl/mL	pH 值（25℃）	浓 HCl/mL
7.2	约 75	8.0	约 42
7.4	约 70	8.2	约 38
7.6	约 66	8.4	约 28
7.8	约 55	8.8	约 14

待溶液冷却至室温，用稀盐酸准确调定 pH 值后，再加入去离子水定容至 1000mL。分装后高温高压灭菌。Tris-HCl 溶液的 pH 值随温度的变化差异较大，温度每升高 1℃，pH 大约降低 0.03 个单位，配制及使用时需注意。

2. 0.5mol/L EDTA（pH8.0）溶液

称取 Na_2-EDTA·$2H_2O$（二水乙二胺四乙酸二钠盐）186.1g，加入 800mL 去离子水中，磁力搅拌器搅拌，用 NaOH 调 pH 至 8.0，去离子水定容至 1000mL。

注意：只有当 pH 值接近 8.0 时，Na_2-EDTA·$2H_2O$ 才能完全溶解。调 pH 值时可先用固体 NaOH（约需 20g），也可用 10mol/L 的 NaOH 溶液，大约使用 70mL。待 Na_2-EDTA·$2H_2O$ 完全溶解后再用低浓度 NaOH 准确调至 pH8.0。分装后高压灭菌，室温保存。

3. TE 溶液

取 1mL 1mol/L Tris-HCl（pH7.4、7.6、8.0），与 0.2mL pH8.0 的 0.5mol/L EDTA 溶液混合后，用去离子水定容至 100mL，高温高压灭菌，室温保存（终浓度：10mmol/L Tris-HCl ＋ 1mmol/L EDTA，pH7.4、7.6、8.0）。

4. 5×TBE（Tris-硼酸）缓冲液

称取 54g Tris 碱和 27.5g 硼酸加入约 800mL 去离子水中，充分搅拌溶解，再加入 20mL 0.5mol/L EDTA（pH8.0），搅拌混匀，加去离子水定容至 1000mL。室温保存（终浓度：445mmol/L Tris ＋ 445mmol/L 硼酸 ＋ 10mmol/L EDTA）。

5. 质粒 DNA 提取液

溶液 I：取 1mol/L Tris-HCl（pH8.0）12.5mL，0.5mol/L EDTA（pH8.0）10mL，称取葡萄糖 4.730g，加 ddH_2O 至 500mL。高压灭菌 15min 后贮存于 4℃。

溶液Ⅱ：2mol/L NaOH 1mL，10% SDS 1mL，加 ddH$_2$O 至 10mL。使用前临时配置。

溶液Ⅲ：5mol/L CH$_3$COOK 300mL，冰乙酸 57.5mL，加 ddH$_2$O 至 500mL。4℃保存备用。

附录8　χ^2 分布表

df \ α	0.995	0.990	0.975	0.95	0.05	0.025	0.01	0.005
1	0.0000	0.0002	0.0009	0.0039	3.841	5.024	6.635	7.879
2	0.0100	0.0201	0.0506	0.103	5.991	7.387	9.210	10.579
3	0.0717	0.115	0.216	0.352	7.815	9.348	11.345	12.838
4	0.207	0.297	0.484	0.711	9.488	11.143	13.277	14.860
5	0.412	0.554	0.831	1.145	11.070	12.832	15.086	16.750
6	0.676	0.872	1.237	1.635	12.592	14.449	16.812	18.548
7	0.989	1.239	1.690	2.167	14.067	16.013	18.475	20.278
8	1.344	1.646	2.180	3.733	15.507	17.535	20.090	21.955
9	1.735	2.086	2.700	3.325	16.919	19.023	21.666	23.589
10	2.156	2.558	3.247	3.940	18.307	20.483	23.209	25.188
11	2.603	3.053	3.186	4.575	19.675	21.920	24.725	26.757
12	3.074	3.571	4.404	5.226	21.026	23.337	26.217	28.300
13	3.565	4.107	5.009	5.892	22.362	24.736	27.688	29.819
14	4.075	4.660	5.629	6.571	23.685	26.119	29.141	31.319
15	4.601	5.229	6.262	7.261	24.996	27.488	30.578	32.801
16	5.142	5.812	6.908	7.962	26.296	28.845	32.000	34.267
17	5.697	6.408	7.564	8.672	27.587	30.191	33.409	35.718
18	6.265	7.015	8.231	9.390	28.869	31.526	34.805	37.156
19	6.844	7.633	8.907	10.117	30.144	32.852	36.191	38.582
20	7.434	8.260	9.591	10.851	31.410	34.170	37.566	39.997
21	8.034	8.897	10.283	11.591	32.671	35.479	38.932	41.401
22	8.643	9.542	10.982	12.338	33.924	36.781	40.289	42.796
23	9.260	10.196	11.689	13.091	35.172	38.076	41.638	44.181
24	9.886	10.856	12.401	13.848	36.415	39.364	42.980	45.558

续表

df \ α	0.995	0.990	0.975	0.95	0.05	0.025	0.01	0.005
25	10.520	11.524	13.120	14.611	37.652	40.646	44.314	46.928
26	11.160	12.198	13.844	15.379	38.885	41.923	45.642	48.290
27	11.808	12.879	14.573	16.151	40.113	43.194	46.963	49.645
28	12.461	13.365	15.308	16.928	41.337	44.461	48.278	50.993
29	13.121	14.256	16.047	17.708	42.557	45.722	49.588	52.336
30	13.787	14.953	16.791	18.493	43.773	46.979	50.892	53.672

附录9 遗传学实验工作制度

遗传学实验是遗传学教学的重要环节。为了获得准确的实验结果,避免发生实验差错和意外事故,必须严格遵守实验室工作制度,做好实验、实验器具的打扫和清洗,以及仪器、药品、材料的准备工作。

1. 遗传实验课的程序和要求

(1) 预习 学生在实验课前应认真预习本手册,必须对该次实验的目的要求、实验内容、基本原理和操作方法有一定的了解。

(2) 讲解 教师对该次实验内容的安排及注意事项进行讲解,让学生有充分的时间按实验课的顺序进行独立的操作和观察。

(3) 独立操作与观察记录 实验一般都由学生独立进行。如果条件允许,要按操作程序反复练习,以达到一定的熟练程度。同时,实验中要仔细观察,将实验结果及时地记录下来。

(4) 实验报告 实验报告必须根据个人的观察,以实事求是和一丝不苟的精神忠实地记录、分析、综合。不应该抄袭教材或其他同学的报告。实验报告应于实验结束时或开始下一个实验之前呈交。

(5) 总结 实验结束后,由教师组织学生针对该次实验的主要收获及今后应注意如何改进加以讨论。

2. 遗传实验室规则和注意事项

(1) 严格遵守实验室的各项规章制度,遵守纪律,不得无故旷课、迟到或早退,自觉维护实验室秩序,不得大声喧哗。

(2) 尊敬教师,服从指导,提倡独立思考、科学操作、细致观察、如实记录，自觉培养严谨、求实的科学作风和生动活泼、勇于探索的创新精神。着装整洁，进入实验室应穿白大衣，不允许穿背心、拖鞋进入实验室，否则教师有权停止其实验。

（3）实验课前认真阅读实验课手册，熟悉实验有关的内容，认真听取实验的注意事项，按照器械清单对照检查有无缺失，各组仪器、器械不得混用。

（4）在操作时必须注意安全，使用易燃、易爆、有毒、带菌等材料进行实验时，应严格按规定的要求进行操作，以防失火和避免污染。

（5）严格遵守操作规程，爱护仪器设备、实验器械用品及室内设施。实验过程中，不能将实验室各种设备及其他实验用品带到室外，因不听指挥、不遵守操作规程、违章使用仪器设备或器械，造成人身或仪器损坏的按学校的有关规定解决处理。

（6）实验结束时应将实验用品、器械清洗干净，分类整理，放回原处，待老师检查认可后方能离开。

（7）实验结束后应认真总结，进行分析和讨论，及时填写实验报告，按时交给老师。

（8）严禁烟火，注意安全，自觉维护实验室公共卫生，保持实验室清洁整齐，不吃零食，不乱丢废弃物。

（9）节约用水、电、药品及实验材料，杜绝浪费。

（10）建立实验室值日制度，值日生离开实验室前需待老师关好水、电、门、窗。

（11）认真保管好自己所带的财务如手机、钱包、数码相机、U盘等，如因自己保管不当造成损坏或丢失，实验室管理人员概不负责赔偿。

白眼　褐眼　棒眼

小翅　翻翅　残翅

匙翅　黄身　檀黑体

猩红眼　焦刚毛　野生型

彩图2-2　果蝇常见突变体

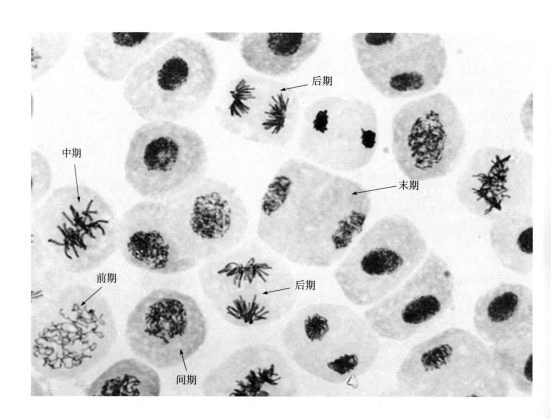

彩图7-1　洋葱根尖的有丝分裂相

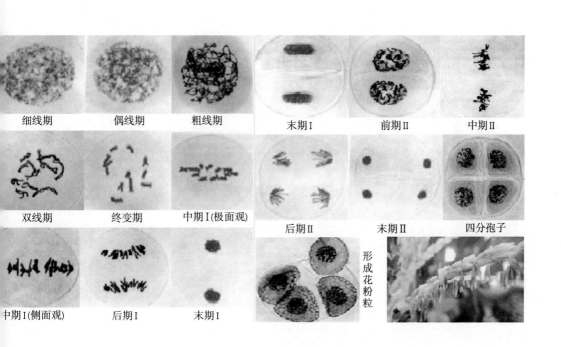

细线期　　　偶线期　　　粗线期

双线期　　　终变期　　　中期Ⅰ(极面观)

中期Ⅰ(侧面观)　　后期Ⅰ　　　末期Ⅰ

末期Ⅰ　　　前期Ⅱ　　　中期Ⅱ

后期Ⅱ　　　末期Ⅱ　　　四分孢子

形成花粉粒

彩图8-1　玉米花粉母细胞减数分裂过程

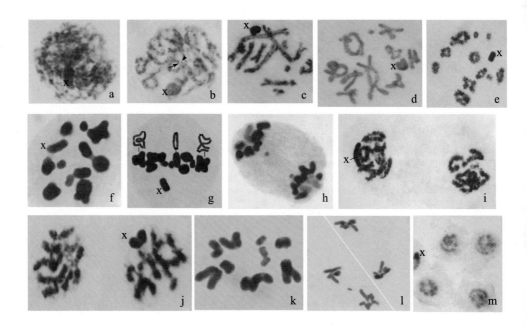

彩图8-2　蝗虫减数分裂不同时期的染色体行为图

减数分裂Ⅰ包括a~i图，其中a为细线期；b为偶线期；c为粗线期；d为双线期；e为终变期；f为中期Ⅰ（极面观）；g为中期Ⅰ（侧面观）；h为后期Ⅰ；i为末期Ⅰ。减数分裂Ⅱ包括j~m图，其中j为前期Ⅱ；k为中期Ⅱ；l为后期Ⅱ；m为末期Ⅱ

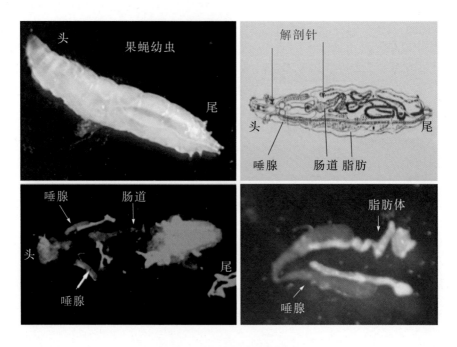

彩图9-2　果蝇唾腺的剥离